guía
burros

COMPRAR UN COCHE ELÉCTRICO

ESTHER DE ARAGÓN

www.cocheelectrico.guiaburros.es

EDITATUM

Diseño de cubierta: © Looking4

Maquetación de interior: © Editatum

Primera edición: Febrero de 2019

ISBN: 978-84-17681-12-8

Depósito legal: M-11038-2019

Impreso en España/ Printed in Spain

Si después de leer este libro, lo ha considerado como útil e interesante, le agradeceríamos que hiciera sobre él una **reseña honesta en Amazon** y nos enviara un e-mail a **opiniones@guia-burros.com** para poder, desde la editorial, enviarle **como regalo otro libro de nuestra colección.**

Agradecimientos

Este libro ha sido posible gracias a la confianza que, hace un tiempo, depositó en mí el medio digital www.movilidadelectrica.com, con Carlos Sánchez Criado al frente. Las investigaciones sobre vehículos eléctricos han sido una ampliación de lo que yo conocía de mis años de estudios y trabajos en el mundo del motor.

También agradezco a los responsables de prensa de Hyundai, Mitsubishi y Nissan que no hayan tenido ninguna duda sobre el contenido de este pequeño volumen. Su apoyo ha sido incondicional y eso ha sido muy importante para la elaboración de esta guía.

Y, por supuesto, agradezco a Borja Pascual y a Sebastián Vázquez que me animaran a escribir el libro y que entendieran lo difícil de su actualización. Para ambos y para María José Bosch, mi cariño.

Sobre el autor

Esther de Aragón es licenciada en Geografía e Historia por la Universidad Complutense de Madrid. Ha realizado trabajos para Diario 16, Motor 16, Auto Aventura, Solo Auto 4x4, Solo Nieve, Solo Monovolúmen, En ruta (AUTT), Flotas (LeasePlan); Diario de Soria; La Gaceta de los Negocios, Movilidad Eléctrica, así como proyectos culturales para fabricantes de vehículos. Ha publicado trabajos como *Vuelta Jeep a España*; *Guía Arqueológica de España*; *Guía Temática de España con Toyota Prius*; *Las Rutas de Don Quijote*; *Guía Natural Toyota*; *Guía de Museos de España y Portugal con Toyota Avensis*. Además, es autora de la novela *Dama del Sur*, (Doce07 Ediciones, 2009) y, junto a Sebastián Vázquez, ha publicado *Rutas Sagradas* (Palmyra, 2015)

Índice

Introducción
Un breve apunte

¿Imaginas un mundo en el que nuestro desarrollo no comporte el deterioro del entorno en que vivimos, o de la misma naturaleza? ¿Un mundo en el que nuestra movilidad nos haga libres pero no perjudique? Pues el vehículo eléctrico (VE) ha llegado para ayudar a conseguirlo. Y digo ayudar, porque la tecnología evoluciona a tal velocidad, que no sabemos qué novedades nos traerá el futuro. No obstante, en el momento actual, el VE es un paso importante hacia una movilidad sostenible, necesaria, imprescindible, para luchar contra el cambio climático.

Estos momentos de grandes cambios tecnológicos que vivimos hacen que el futuro sea apasionante. Y podemos disfrutar del apasionante futuro que nos ha tocado vivir y podrán hacerlo nuestros hijos, pero siempre y cuando seamos capaces de razonar, concienciarnos y tomar medidas encaminadas a preservar la tierra, tal y como la conocemos. Desgraciadamente, el cambio climático no lo está poniendo muy fácil.

Hay voces a favor y en contra del cambio climático. El problema es que nuestra forma de vida está forzando la desaparición de especies y ecosistemas. Además, los desastres naturales cada vez son más dramáticos y frecuentes. Seamos o no culpables, que lo somos, a pesar de voces interesadas, económicamente hablando, nuestra obligación es cuidar y mantener el mundo en el que vivimos para las siguientes generaciones. Es patrimonio de todos y tenemos la responsabilidad de preservarlo.

La lucha contra el cambio climático es una amenaza a la que no podemos ser indiferentes. La manera de luchar, inevitablemente, parte de mantener ese cambio dentro de unos límites de seguridad. Eso será posible si no elevamos la temperatura del planeta más de 2° de aquí a 2050, y ya hemos elevado 1° respecto a los niveles preindustriales.

Mucha culpa de ese ascenso radica en los gases de efecto invernadero que emite nuestra sociedad. Pero no sólo el CO_2 es un objetivo a combatir. Nuestras ciudades, nuestros campos están tan contaminados que es necesario cambiar ciertos hábitos para no seguir dañando nuestro entorno. Cualquier pequeña acción será buena para nuestra Tierra y si unimos muchas voces y acciones, aunque sean pequeñas, estaremos poniendo algo de nuestra parte para ayudar.

Para ello, y siempre en mi opinión: información, no desconocimiento; preocupación, no indiferencia; implicación, no pasividad.

En esa línea llega este libro sobre el vehículo eléctrico (VE). Hablar de él hace que entremos plenamente en el mundo del progreso, de la tecnología, de la movilidad, pero también nos hace recapacitar sobre sostenibilidad, emisiones no contaminantes y cambio climático.

Este pequeño volumen es una simple guía para despejar dudas sobre el VE. Está dirigido a quienes están interesados en la adquisición de un eléctrico y no saben si deben hacerlo.

---

i Las imágenes del presente volumen son propiedad de Hyundai, Mitsubishi y Nissan. Agradecemos que nos hayan permitido utilizarlas para ilustrar la evolución de los vehículos electrificados.

El vehículo eléctrico en el marco actual

El escenario perfecto para el desarrollo del VE

Las referencias al vehículo eléctrico deben empezar, en nuestra opinión, por establecer un escenario que nos ayude a entender el porqué de la urgencia que parece haber llegado en los últimos tiempos, tanto a una parte de la sociedad, como a instituciones y gobiernos.

Aunque llevamos décadas oyendo hablar de cambio climático y de la responsabilidad de nuestro legado, las acciones no tuvieron un fuerte calado, en apariencia, hasta el Acuerdo de París de 2015 (1).

Según el comité organizador, y en el marco de la Convención de Naciones Unidas (2) sobre el Cambio Climático, el Acuerdo de París buscaba llegar por primera vez a un acuerdo vinculante y universal sobre el clima. Para conseguirlo fue necesaria la implicación de los países en la toma de medidas concretas que llevaran a la reducción de emisiones de gases de efecto invernadero. Su aplicación empezará al terminar el vigente Protocolo de Kioto (3), en 2020.

195 países negociaron el Acuerdo de París y poco menos de un año después, en octubre de 2016, la Unión Europea (4) y otros 96 países ya lo habían ratificado. Así pudo cumplirse la condición de su entrada en vigor (Artículo 21,1), puesto que 55 de los países firmantes ya suponían más del 55% de las emisiones globales de gases de efecto invernadero.

Para los estados miembro de la Unión Europea, el Acuerdo de París de 2015 es el punto de referencia de las acciones para luchar contra el cambio climático. Quedó claro en aquella cumbre que la implicación de los países es la única manera que tenemos de legar a nuestros sucesores un mundo estable, basado en un planeta más limpio, sociedades más justas y economías prósperas. Todo ello en el contexto de la Agenda 2030 sobre Desarrollo Sostenible de Naciones Unidas (5).

Transcribimos literalmente los objetivos del Acuerdo: (6)

Artículo 2 1. *El presente Acuerdo, al mejorar la aplicación de la Convención, incluido el logro de su objetivo, tiene por objeto reforzar la respuesta mundial a la amenaza del cambio climático, en el contexto del desarrollo sostenible y de los esfuerzos por erradicar la pobreza, y para ello:*

a) Mantener el aumento de la temperatura media mundial muy por debajo de 2 °C con respecto a los niveles preindustriales, y proseguir los esfuerzos para limitar ese aumento de la temperatura a 1,5 °C con respecto a los niveles preindustriales, reconociendo que ello reduciría considerablemente los riesgos y los efectos del cambio climático;

b) Aumentar la capacidad de adaptación a los efectos adversos del cambio climático y promover la resiliencia al clima y un desarrollo con bajas emisiones de gases de efecto invernadero, de un modo que no comprometa la producción de alimentos;

c) Elevar las corrientes financieras a un nivel compatible con una trayectoria que conduzca a un desarrollo resiliente al clima y con bajas emisiones de gases de efecto invernadero.

El Acuerdo marcó una hoja de ruta para conseguir energías más limpias. Es verdad que la negociación fue y sigue siendo complicada. Hay muchas personas que disienten o están en contra. Pero lo cierto es que todo lo que hagamos en beneficio del planeta y de quienes lo habitamos, será un legado positivo para las siguientes generaciones.

Cuando la propia Comisión Europea informó al Parlamento y al Consejo Europeo sobre el Acuerdo de París, comentó: "es el primer acuerdo multilateral en materia de cambio climático que cubre la casi totalidad de las emisiones mundiales". Fue un gran éxito para el mundo y la confirmación de que no hay vuelta atrás para la Unión Europea en la dirección hacia una economía hipocarbónica.

La transición, a día de hoy, está exigiendo cambios radicales en numerosos campos: en tecnología, energía, economía, finanzas y, por supuesto, en la sociedad en su conjunto. Pero también significa una serie de oportunidades en las que la Unión Europea puede salir muy beneficiada. Es una oportunidad para la transformación económica, el crecimiento y el empleo. El Acuerdo lleva a establecer unos objetivos de desarrollo sostenible y prioridades en cuestiones como inversión, competitividad, economía circular, investigación, innovación y transición energética.

El transporte, vital para una economía hipocarbónica

Tras el Acuerdo de París, el mundo se comprometió a avanzar hacia una economía baja en carbono. Muchos países comenzaron a desarrollar políticas para facilitar una transición a economías más limpias.

Si queremos limitar a 2° la temperatura del planeta, aunque no pasar de 1,5° sería lo deseable, debemos reducir drásticamente las emisiones procedentes del transporte. Los expertos consideran necesaria una reducción del 80%, un 60% de aquí a 2050.

En esta línea, la Comisión Europea presentó una "Comunicación sobre la aplicación de los compromisos del Acuerdo de París" (7) en marzo de 2016, seguida de una "Estrategia europea para la movilidad de baja emisión" (8) en junio de 2016. Más tarde, la UE añadiría nuevas estrategias de movilidad, tal es el caso de "Europe on the move" (9) y "Estrategia renovada de política industrial de la UE" (10), ambas de 2017.

Las decisiones europeas, desde aquel 2015, van dirigidas hacia diferentes sectores, pero a nosotros, para el objetivo de este libro, las que nos interesa son las del transporte. Lo cierto es las acciones emprendidas desde enton-ces, en ese tema, responden a la realidad de que sin un transporte eficiente y limpio, los objetivos del Acuerdo no serán posibles.

Las políticas de la Unión Europea, en consecuencia, son claras, así como su apoyo a proyectos e iniciativas que reduzcan la congestión urbana, fomenten formas más limpias de transporte y desarrollen combustibles alter-nativos.

Hasta ahora, el sector del transporte europeo depende de los combustibles fósiles. Los carburantes derivados del petróleo, según la Unión Europea, suponen el 96% del suministro energético total del sector. Y es el transporte por carretera el que utiliza la mayor parte de la energía.

De hecho, es el medio de transporte que más contamina, por ser el más extendido. Produce alrededor del 71 % de todas las emisiones de CO_2 derivadas del transporte. Y dos tercios de ese porcentaje corresponden a las emisio-nes de los automóviles.

Por otro lado, una cuarta parte de las emisiones del trans-porte en la UE procede de ciudades y zonas urbanas. A ello se debe el que muchas ciudades europeas estén tomando medidas duras contra los vehículos de com-bustión interna en sus centros urbanos. Los periodos de contaminación avalan estas políticas. Es necesario que el ciudadano no se vea amenazado por una mala calidad del aire en su lugar de residencia y que hagamos de nuestras ciudades lugares adecuados para vivir y desarrollarnos.

Estrategia de reducción de emisiones de la UE

Europa afrontaba en octubre de 2018 una de las batallas cruciales en la lucha contra el cambio climático: la de poner fecha al fin de las emisiones contaminantes del transporte por carretera. El Consejo de la Unión Europea se reunía el día 9 de ese mes para debatir la reducción de emisiones de CO_2 de los vehículos nuevos, así como la progresión que debía llevar.

En el ambiente, ese día, el mencionado Acuerdo de París y el IPCC (Informe del grupo de científicos que asesoran a la ONU sobre el cambio climático) (11), que alerta sobre las emisiones de gases de efecto invernadero en las que interviene el ser humano y que, ya hemos dicho, han elevado alrededor de un grado centígrado la temperatura global respecto a los niveles preindustriales.

Lo peor es que ese informe advierte a los gobiernos que, de no tomar medidas drásticas, el planeta sufrirá una subida de temperatura de más de 1,5 grados entre 2030 y 2050. Si se quiere evitar, las emisiones mundiales de CO_2 en 2030 deberán ser un 45% inferiores a las de 2010, lo que llevaría a un balance cero emisiones en 2050.

Reunidos los ministros en el Consejo Europeo el 9 de octubre de 2018, se abrió un largo y difícil debate. Se trataba de aprobar la propuesta de ley del Parlamento Europeo, que proponía que los fabricantes de vehículos redujeran las emisiones de éstos un 20% para 2025 y un

40% para 2030 (frente al 30% que proponía la Comisión, en relación al nivel de 2021).

Al finalizar el debate, 20 países votaron a favor de la propuesta de la presidencia, que ostentaba Austria entonces, para reducir las emisiones de CO_2 de los turismos nuevos un 35% para 2030, y un 30% el de las furgonetas. El acuerdo alcanzado también incorporó unos objetivos intermedios del 15% en 2025, tanto para turismos como para furgonetas. Además, añadieron una cláusula de revisión para 2023.

En esa propuesta, igualmente, se habló de apoyar la tecnología de vehículos híbrido-enchufables (PHEV), como tecnología puente hacia el vehículo cero emisiones, de cara a no perjudicar a la industria europea del automóvil, que ya había advertido de los problemas que podía suponer una electrificación apresurada .

Durante la exposición, Elisabeth Köstinger, la ministra Federal de Sostenibilidad y Turismo de Austria, dijo que la transición hacia la descarbonización del transporte era compleja para la industria, por las enormes inversiones que debían hacer los fabricantes. Pero también añadió que para reducir las emisiones era necesaria una mayor oferta de vehículos de bajas emisiones, una mayor autonomía de las baterías y, al mismo tiempo, precios más bajos.

Y aquí es donde está el quid de nuestro vehículo eléctrico.

* Nissan Leaf

Vehículos eléctricos

Qué son y tipos

Qué es un vehículo eléctrico

En este marco de circunstancias, una de las alternativas más sólidas para evolucionar en la descarbonización del transporte es, precisamente, el vehículo eléctrico (VE). Sin embargo, hay otras poderosas causas que hacen al vehículo eléctrico casi necesario de cara a un futuro a corto plazo, entre ellas, las políticas que numerosos países y ciudades están tomando para evitar la contaminación local.

Debemos empezar por decir lo que es un VE. La diferencia con los vehículos convencionales radica en su motor. En el eléctrico, el motor de combustión interna, sea diésel o gasolina, se ha sustituido por uno eléctrico.

La transmisión de un VE funciona con uno o más motores eléctricos que utilizan la energía eléctrica almacenada en su batería recargable y la convierten en cinética. Dicha batería debe ser enchufada a la red eléctrica para su recarga. Mientras, los vehículos con motores de combustión interna necesitan llenar un depósito con combustibles fósiles para alimentar el motor.

Las baterías han experimentado un gran cambio en los últimos años, y siguen haciéndolo, de manera que cuando este pequeño libro vea la luz, la tecnología puede haber conseguido reducir su tamaño, así como su capacidad de almacenamiento o su tiempo de carga. De ello hablaremos después, pero baste saber de momento que la tecnología más avanzada hoy en día para los vehículos eléctricos es la de baterías de iones de litio.

Por lo demás, un coche eléctrico es igual que uno de combustión: acelera, frena, tiene luces, ventilación y climatización, sistemas de seguridad... A cambio, es silencioso, no tiene marchas y su potencia no es progresiva, como la de los vehículos de combustión, sino inmediata. La energía de la batería se entrega al motor eléctrico a través de un controlador, que está conectado al acelerador. La cantidad de movimiento del acelerador determina la cantidad de potencia que el controlador envía al motor, lo que a su vez determina la velocidad del vehículo.

Es decir, que la forma de conducir un eléctrico es como la de un vehículo automático y que las diferencias entre los de combustión y los VE, en ese aspecto, no son muchas, aunque las hay. De ello nos ocuparemos enseguida.

Tipos de vehículos eléctricos

Hemos dicho que un VE es un vehículo impulsado por uno o más motores eléctricos que utilizan la energía almacenada en sus baterías. Es lo que llamamos eléctricos puros (BEV —Battery Electric Vehicle— por sus siglas en inglés).

* Hyundai Kona eléctrico

Sin embargo, también llamamos vehículos eléctricos a los de "celdas de combustible" (FCEV - Fuel Cell Electric Vehicle). No se alimentan de una batería recargable, sino que lo hacen de una pila de combustible de hidrógeno. Llevan un depósito de hidrógeno y sólo pueden repostar en hidrogeneras, estaciones de servicio dedicadas a tal fin. En España apenas hay media docena en la actualidad.

Hay países, como Japón, en los que diversos fabricantes de vehículos consideran el hidrógeno la tecnología del futuro, por la facilidad para conseguirlo en la naturaleza.

Lo comentaremos cuando hablemos de ellos.

Otro tipo de vehículos considerados en el mismo grupo son los híbrido-enchufables (PHEV -Plug-in Hybrid Electric Vehicles). Son vehículos híbridos, propulsados por una combinación de motores, de combustión y eléctrico, pero con diferencias notables. Estos vehículos llevan una batería recargable, normalmente con una autonomía pequeña, pero suficiente para realizar los trayectos diarios que hacen el 80% de los ciudadanos europeos cuando acuden a su lugar de trabajo y vuelven.

La batería se recarga mediante un enchufe a la red eléctrica o a través del motor de combustión y puede funcionar exclusivamente en modo eléctrico hasta agotar la carga.

Sus ventajas en el momento que vivimos son significativas, sobre todo porque su tecnología es buena para ayudar en la transición hacia los VE. Lo comentaremos más adelante, pero baste saber que la propia Unión Europea los contempla como un punto a favor en el camino hacia la movilidad cero emisiones.

Ventajas de un VE

Las ventajas de un vehículo eléctrico son muchas, pero las más importantes radican en su no emisión de gases contaminantes, así como en el menor precio de impuestos, recarga y mantenimiento.

- **Costes**. Es importante tener en cuenta, en primer lugar, que los VE están exentos de pago al aparcar en zonas controladas en las ciudades europeas, por lo menos. También lo están del impuesto de matriculación y, en ocasiones, de una parte importante o todo el impuesto de circulación.

  Otro tema es el de las ayudas. Los VE son más caros, sobre todo por el coste de las baterías, pero a medida que se van fabricando a escalas mayores, el coste va disminuyendo. En todo caso, para evitar ese sobrecoste actual, son muchos países los que ayudan con incentivos a la compra de vehículos eléctricos. En España, comparándonos con algunos países de la UE, no es que tengamos unas ayudas muy buenas, ni siquiera constantes o seguras, pero cuando llegan, suponen un pequeño alivio para quienes están interesados en la adquisición de un VE.

- **Emisiones**. Estas ventajas, de incentivos y fiscales, se deben a la falta de emisiones contaminantes de los VE. Los coches de combustión emiten monóxido de carbono (CO), hidrocarburos no quemados (HC), óxidos de nitrógeno (NOx), óxidos de azufre (SOx), CO_2 (gas de efecto invernadero) y partículas dañinas. Mientras, las emisiones del escape de los vehículos eléctricos son cero.

- **Coste de energía**. Por otro lado, la electricidad es más barata que la gasolina o el gasoil y, además, debemos saber que un motor eléctrico es tres veces más eficiente que un motor de combustión. Si para un coche eléctrico, recorrer 100 km suponen aproximadamente 17 kWh, para uno de gasolina, esos 100 km necesitan unos 45 kWh, es decir, aproximadamente 6.8 litros. El gasto para el VE de esos 17 kWh supone entre 1,50 € y 2,60 €, según el tipo de tarifa. Para el de gasolina, el precio de esos 100 km es de unos 7,8 €.

También es importante tener en cuenta que los vehículos eléctricos se recargan estacionados, por lo que muchas personas pueden dejar el coche conectado al cargador por la noche y beneficiarse, así, de tarifas valle.

Incluso, debemos saber que hay vehículos que incorporan la tecnología V2G (Vehicle to Grid), lo que hace que sean capaces de suministrar energía a los hogares en ciertos momentos y recuperarla después en horas valle. Eso sí, para esa opción hay que tener una casa con cargador propio.

Y hablando de casas con cargadores propios, el esperado autoconsumo también será un punto a favor para los propietarios de vehículos eléctricos en breve. Al menos, eso esperamos.

- **Frenada regenerativa**. Tampoco debemos olvidar que los VE llevan, además, una función de frenada regenerativa, que se pone en funcionamiento cuando se levanta el pie del acelerador y almacena la energía en la batería. Además, la regeneración de energía aumenta al presionar el pedal de freno. Eso favorece la autonomía de los VE.

- **Mantenimiento**. Otro punto a favor de los coches eléctricos es el mantenimiento. Hay marcas que apuntan a que el mantenimiento de la mecánica de un vehículo eléctrico es un 42% menor que la de un vehículo de combustión interna.

Diferentes expertos cuantifican el número de piezas de un motor de combustión, en comparación con uno eléctrico, entre 800 y 1.000 piezas más. Las vibraciones, movimientos y cambios de temperaturas producen un inevitable desgaste. El vehículo eléctrico, al tener menos piezas y estar sometido a temperaturas inferiores, requiere menos mantenimiento. Sin ir más lejos, los VE no cuentan con caja de cambios, no tienen depósito de aceite, filtros de aceite o combustible, carburador, bujías, o correa de distribución.

Esto no quiere decir que un vehículo eléctrico no tenga mantenimiento. Recordemos que el filtro de aire, las pastillas de freno o los neumáticos son puntos de revisión y mantenimiento habituales para todo tipo de vehículos.

- **Contaminación acústica.** Un aspecto importante más es el que se refiere a la contaminación acústica en las ciudades, un auténtico y complicado problema hoy por hoy, que favorecen, y mucho, los motores de combustión. Los motores eléctricos son silenciosos y ayudarán a que los niveles de decibelios desciendan en los núcleos urbanos.

Desventajas de un VE

Si habláramos con un usuario que tuviera dudas sobre la adquisición, o no, de un VE, los contras casi siempre serían los mismos.

- **El precio**. Sería el primero, lo hemos comentado ya. El precio de un VE es siempre mayor que uno de combustión de las mismas características, en cuanto a tamaño, potencia, etc. Esto irá cambiando, desde luego, a medida que los fabricantes vayan desarrollando nuevas tecnologías de baterías, de menor volumen pero mayor capacidad de almacenamiento de energía. Igualmente, cuando de las fábricas salgan más vehículos eléctricos, su precio descenderá, ya que la producción a escala abarata costes.

A pesar de ello, también es importante conocer el tiempo de amortización a día de hoy. Si hiciéramos un estudio de coches similares —uno eléctrico, uno de gasolina, uno diésel y uno híbrido—, no dejaría de sorprendernos el resultado.

Es difícil cuantificar exactamente, pero hay análisis realizados al respecto. Teniendo en cuenta el coste total de propiedad durante un periodo de cinco años, incluyendo precio, impuesto de circulación, combustible, mantenimiento, seguro, aparcamiento en ciudad, etc., serían necesarios 100.000 km para amortizar el mayor precio inicial de un VE. Lo cierto es que es menos tiempo del que imaginamos lo que requiere la amortización de un eléctrico.

- **La instalación de un punto de carga.** Un punto más debemos aclarar aquí, relacionado con el precio. La mejor manera de conseguir amortizar el vehículo es teniendo nuestro propio poste de carga en casa. Las tarifas valle son más baratas. Pero no siempre es posible instalar un poste para nuestro coche en el domicilio o en el garaje comunitario. Hablaremos de ello al tratar de la recarga de un vehículo eléctrico, pero debemos considerar que al precio se debe añadir, en el caso de que queramos hacerlo, la instalación del poste de carga y que ésta sale por una cifra entre 700 y 1.500 euros. También es verdad que las subvenciones para el vehículo eléctrico, cuando salgan, llevarán una ayuda para la instalación de la infraestructura.

- **Autonomía.** La autonomía es un punto complicado. Las baterías, que apenas llegaban a 200 km hace un par de años, ya están entre 300 y 400 km de media. Un VE, de momento, no puede recorrer la misma distancia que un vehículo de gasolina con el depósito lleno, está claro, pero la autonomía va dejando de ser un problema clave, a medida que van aumentando la capacidad de las baterías y la infraestructura de carga.

- **Infraestructura.** La red de carga, en sí, es una complicación para el VE, porque los puntos son escasos. Sin entrar de momento en cuestiones de red, sistemas de recarga o tipo de conectores, hemos aislado el problema de las infraestructuras porque queda camino para que todo esto incline la balanza hacia el vehículo eléctrico. Eso sí, dependiendo del uso y del lugar de residencia, el problema deja de serlo.

En octubre de 2018, se celebró el IV Foro Nissan de Movilidad Sostenible en Madrid y allí, Miguel Arias Cañete, Comisario Europeo de Acción por el Clima y la Energía, hizo hincapié en lo que la propia Comisión Europea lleva diciendo un tiempo sobre la falta de infraestructura de carga en los países de la UE. Argumentó:

"España necesitará al menos 220.000 puntos públicos de recarga para vehículos eléctricos, en 2030, como complemento a la legislación comunitaria de reducción de emisiones de dióxido de carbono de coches y furgonetas, con el fin de que la Unión Europea cumpla con los compromisos climáticos en relación con el Acuerdo de París" (12).

Según el INE (Instituto Nacional de Estadística), en la actualidad tenemos en España 3.856 puntos de carga para coches eléctricos. Lo malo es su distribución. La mayor parte de la infraestructura está en ciudades grandes, por lo que los usuarios, para hacer viajes, tienen complicado lo de la recarga en cualquier lugar.

A fecha de 2018, teníamos alrededor de 11.500 gasolineras en nuestro país, repartidas por toda la geografía. De momento no tienen puntos de carga, pero el anteproyecto de Ley de Cambio Climático que nos dio a conocer el Gobierno en noviembre de 2018 (13), recoge un plan para las gasolineras que obligará a instalar en ellas puntos de carga para el coche eléctrico.

A estas alturas, todo esto es un desbarajuste, pero se irá aclarando poco a poco.

- **Fuentes de energía renovables**. Cuando la Unión Europea estableció la reducción de emisiones, también hizo una indicación que es significativa y muy importante. La energía para recargar los vehículos eléctricos debe proceder de fuentes de energía renovables. Es decir, que no podemos cambiar los coches de combustión por coches eléctricos que se recarguen con electricidad procedente de centrales que quemen combustibles fósiles para producir energía.

Hemos incorporado las fuentes de energía en las desventajas por el hecho de que si, de repente, todos decidiéramos cambiar nuestro vehículo por uno eléctrico, no sólo provocaríamos un problema energético, sino que las fuentes de energía estarían lejos de ser renovables. En nuestra opinión, la transición debe ser progresiva, para evitar cambiar coches contaminantes por energía contaminante.

Cuando hablamos de países con un índice alto de vehículos eléctricos, como Noruega, debemos saber que tienen pocos problemas de energía. Sus fuentes, de origen renovable, hacen que muchos puntos de carga para vehículos eléctricos sean públicos y que la recarga en esas infraestructuras sea muy inferior en coste a las nuestras, dado el bajo precio del kW/h.

Mientras, en España las cosas son distintas. Y, además, el problema es que las cifras de lo que puede costarnos cargar un vehículo eléctrico varían mucho. De hecho, si hoy quisiéramos recargar la batería de nuestro vehículo eléctrico en algún cargador rápido de la vía pública, las tarifas no tendrían nada que ver con esos 1,5 a 2,6 euros cada 100 km comentados antes. Dependiendo de la red, el protocolo de carga y la forma de pago, podremos encontrar un espectro de tarifas de entre 5,4 y 9 euros para una carga de 100 kilómetros. Increíble, ¿no?

Todo esto irá cambiando poco a poco, está claro, pero queda tiempo.

- **Valor residual.** Otro inconveniente al que nos enfrentamos cuando hablamos del vehículo eléctrico es su valor residual. El primer punto a tener en cuenta, en este caso, es que no existe un histórico aún que nos refiera la evolución del precio de un VE, puesto que los primeros tienen ahora ocho años.

  Sin embargo, desde que salieron, ya se apuntaba el valor residual como un problema por culpa de la batería. Siempre se ha dicho que cambiar la batería de un VE puede suponer un tercio del valor del coche, por lo que la vida útil de un eléctrico puede ser el de su batería.

  Es importante recordar que el mismo Nissan LEAF, el vehículo eléctrico más vendido, cuenta con una garantía de batería de 8 años o 160.000 kilómetros y que la propia marca calcula que en ese tiempo la batería habrá perdido sólo entre el 25 y el 30% de su capacidad.

  Pero todo lo que vayamos a decir es un poco especulativo, precisamente por la falta de vehículos usados y de un histórico. A pesar de ello, ya existen informes sobre algunas marcas. Según un estudio americano, los vehículos Tesla consiguen, tras 80.000 km, un valor residual más alto que sus competidores de combustión. Mientras que un Tesla Modelo S disminuye un promedio del 27% de su valor original, conforme al precio del catálogo, sus competidores pasan del 33%. Y si es el caso de un Modelo X, todavía la depreciación es menor, sólo un 23%.

Sí, la tecnología de baterías cambia a gran velocidad, pero con medias de más de 300 km de autonomía y mayores ciclos de vida, la confianza en un VE usado ha crecido de manera importante en estos 8 años.

Por otro lado, la bajada de precios de las baterías y la aparición de nuevos sistemas ayudarán. Si tuviéramos que hacer predicciones, nos inclinaríamos a creer que el menor desgaste del vehículo eléctrico, el progresivo descenso del coste de las baterías y las restricciones de tráfico en las ciudades van a hacer que, en un futuro a corto plazo, el precio de un VE de segunda mano sea mayor que el de un coche tradicional con motor de combustión.

- **El mito del seguro.** Muchas personas piensan que el seguro de un vehículo eléctrico es más caro, pero no lo es. Lo hemos incorporado en este lugar porque sigue teniendo una pequeña diferencia, aunque se cree que es mayor de lo que es y no ocurre siempre así. Hace unos años, podía ser, porque si te quedabas sin autonomía, la grúa tenía que ir a recogerte el vehículo, pero eso ya ha quedado atrás.

Buena prueba de los que decimos son los propios seguros, que en muchos casos tienen casi los mismos precios para vehículos de combustión y eléctricos.

Lo único que debemos tener en cuenta en este apartado son las diferencias, con respecto a las coberturas. Así, el robo del cable de carga es muy importante, porque tiene un precio elevado. Y aunque decimos que la autonomía no es igual que antes, y que hay más estaciones de carga, si se debe tener en consideración un posible problema y que el vehículo deba ser remolcado, a la hora de contratar un seguro.

Ambas opciones están, de hecho, contempladas por muchas aseguradoras.

Vehículo eléctrico. Un caso práctico

Hemos querido introducir un caso práctico, para terminar este apartado porque nos va a ayudar a conocer la experiencia real, vivida día a día, de un precursor de la movilidad eléctrica en nuestro país.

Hace un tiempo tuvimos la suerte de conocer a Roberto, un taxista de Valladolid que fue el primero en comprar un taxi eléctrico, concretamente un Nissan LEAF en 2011. Su experiencia nos dejó asombrados, la verdad. Compró el coche haciendo cuentas de kilometraje, mantenimiento, energía... El coche costaba entonces 36.000 euros, 30.000 con la subvención, pidió un préstamo y se decidió a adquirirlo.

Cuando lo conocimos, llevaba 354.000 kilómetros y, en ese momento, más bien el día anterior, había cambiado la batería por una nueva, ya que a la suya sólo le quedaba el 40% de su capacidad, ¡eso después de hacer 354.000 kilómetros!

Comentaba al respecto que para amortizar el coche necesitaba hacer 300.000 kilómetros, según sus cuentas, y que ya había pasado con creces la cifra. Calculaba que se había ahorrado ya unos 5.000 euros. Y añadía que, tras el cambio de batería, el coche volvía a estar como nuevo, porque no sufren los eléctricos el desgaste de los coches de combustión.

Como anécdota diremos que Roberto es todo un personaje en las redes sociales. Nos comentaba que tras haber conducido un VE, no hay vuelta atrás. Encantado con la movilidad eléctrica, decidió que en las paradas, mientras esperaba a que llegara un cliente, podía aprovechar el tiempo para divulgar sus ventajas. Desde las redes sociales más importantes no sólo cuenta sus experiencias desde hace años, sino que informa a los interesados sobre todas las novedades que aparecen.

Su experiencia es quizás la más real que tenemos para entender que un VE puede ser una gran idea. No sólo ha salvado los inconvenientes que otros ven en el eléctrico, sino que está feliz, con él y con todo lo relacionado con la movilidad eléctrica (20).

El hidrógeno, otro mundo

Una fuente limpia y sencilla

Hemos querido diferenciar la tecnología de hidrógeno porque, a pesar de no estar muy implantada aún, pensamos que puede jugar un papel muy importante en el futuro. Lo cierto es que ayudaría significativamente a conseguir reducir emisiones y hacer más sostenible la movilidad, eso sólo en lo relacionado al tema objeto de este libro, es decir, los vehículos, porque su utilización en otros sectores de la industria podría ser muy beneficioso. Si algo tiene el hidrógeno es que es una fuente de energía limpia y sencilla.

El hidrógeno es un gas insípido, incoloro e inodoro, en condiciones normales. Se trata del elemento más abundante en el universo. Se encuentra en casi todas partes. Desde el agua hasta las plantas en nuestro planeta lo contienen. De ahí que tenga que ser fabricado y no pueda ser extraído directamente de la naturaleza. Es precisamente por su abundancia por lo que se ha tenido en cuenta su desarrollo desde hace tiempo.

Se ha estado utilizando siempre de forma ligada al carbono (en forma de hidrocarburos), aunque hace unas décadas cambió la cosa, cuando surgió la necesidad de disponer de un sistema de almacenamiento de energía y nuevos portadores.

La aparición de las pilas de combustible, como sistemas de transformación de la energía almacenada en el hidrógeno en electricidad y calor, ha permitido que sea utilizado en muy diferentes campos, tanto en aplicaciones domésticas, como estacionarias, portátiles o en automoción.

El mundo se abre al hidrógeno

Existe una Coalición Mundial de Hidrógeno (Hydrogen Council), que nació a comienzos del 2017 en el Cumbre Económica de Davos. A fecha de septiembre de 2018 ya contaba con 53 grandes empresas, de 11 países diferentes, representando 3.8 millones de empleos y 1,8 trillones de euros en ingresos. Estos datos, en nuestra opinión, indican un creciente interés en el despliegue global de hidrógeno.

La propia coalición publicó un estudio, a finales de 2017, "Hydrogen, Scaling up" (14), en el que aseguraba:

"El hidrógeno es un pilar central de la transformación de energía requerida para limitar el calentamiento global a dos grados Celsius. Para lograr ese escenario de dos grados, el mundo tendrá que hacer cambios dramáticos, año tras año, y reducir la energía relacionada con las emisiones de CO_2 en un 60% hasta 2050 incluso a medida que la población crezca en más de 2 billones de personas y billones de ciudadanos en mercados emergentes se unan a la clase media global".

Para ayudar a esa transformación, en diferentes áreas, el hidrógeno juega un papel importante: es un portador de energía versátil, limpio y seguro que se puede usar como combustible para energía o en la industria como materia prima. Generando cero emisiones en el punto de uso, puede producirse a partir de electricidad (renovable) y de combustibles fósiles reducidos de carbono. Los usos del hidrógeno continúan creciendo, ya que se puede almacenar y transportar una gran cantidad de energía, en forma líquida o gaseosa, y puede quemarse o usarse en celdas de combustible para generar calor y electricidad.

Por lo que respecta a la demanda, relacionada con el transporte, la Coalición ve potencial para que el hidrógeno pueda alimentar de 10 a 15 millones de automóviles y 500.000 camiones para 2030. No obstante, tiene muchos usos en otros sectores, como procesos industriales y materias primas, calefacción y energía para edificios, generación de energía y almacenamiento. En general, el estudio citado predice que la demanda anual de hidrógeno podría multiplicarse por diez en 2050, a casi 80 EJ (1 EJ = 1018 J), alcanzando el 18% de la demanda total de energía.

En España, contamos con el Centro Nacional de Experimentación de Tecnologías de Hidrógeno y Pilas de Combustible (CNH2), creado en 2007 para impulsar la investigación científica y tecnológica en todos los aspectos relativos a esas tecnologías.

En relación a las compañías que forman parte de la Coalición del Hidrógeno, hay muchas del mundo del motor que están interesadas, incluso otras muchas que intervienen también en el sector, en la parte de componentes. Eso indica el interés que despierta, así como su potencial. Por citar algunas: 3M, Airbus, Air Liquide, Audi, BMW GROUP, China Energy, Daimler, EDF, General Motors, Honda , Hyundai Motor, Kawasaki, Royal Dutch Shell, The Bosch Group, Total, Toyota, Mitsubishi Corporation...

El sector de la automoción

En cuanto al sector del motor, el hidrógeno parece ir por detrás en su implantación europea, a pesar de que hay países, como Alemania, que tienen ya una pequeña infraestructura para los vehículos de esta tecnología y subvencionan su desarrollo.

Sin embargo, debemos decir que las marcas japonesas Hyundai, Toyota, Honda y Mazda han sido, desde hace años, pioneras en la tecnología de hidrógeno. Pero, más allá de fabricantes, los mercados, en nuestra opinión, difieren mucho unos de otros. La especialización en una única tecnología de propulsión, como puede ser la eléctrica pura, no debería ser lo adecuado y, además, no favorecería a muchos países. De hecho, serían necesarios vehículos de diferentes tecnologías para distintos mercados. Las tecnologías no tienen por qué ser excluyentes.

Fue Hyundai el primero que lanzó un coche fabricado en serie en 2013: el Hyundai ix35 Fuel Cell (también llamado Tucson Fuel Cell). Su segundo modelo, el Nexo, llegó a España antes de acabar el año 2018. El Hyundai Nexo es el vehículo de hidrógeno con mayor autonomía y mejor rendimiento de los que existen a día de hoy.

* **Hyundai Nexo**

A mediados del 2018, supimos que Audi y el Grupo Hyundai estaban impulsando el desarrollo de la tecnología de pila de combustible (FCEV). Las dos compañías planean llevarla a la producción a gran escala de la forma más rápida y más eficiente.

El hidrógeno está dando pasos importantes, no cabe duda.

¿Cómo son los vehículos eléctricos?

¿Cómo es un eléctrico puro?

En realidad, lo que cambia en el vehículo eléctrico puro, con respecto a uno de combustión, es el motor y lo relacionado con batería y recarga. Reduciéndolo a unas pinceladas, los componentes de un vehículo eléctrico son:

— **El propio motor.** Es el encargado de convertir la energía eléctrica en movimiento. También es el que se ocupa de hacer lo contrario, es decir de recuperar la energía cinética de la desaceleración, convertirla en eléctrica y, con la ayuda del rectificador, ayudar a recargar las baterías.

Ya hemos dicho que los motores puede ser uno o varios. Lo veremos al hablar de los modelos actuales. Los motores utilizados en vehículos son, en su gran mayoría, de corriente alterna, síncronos o asíncronos, dependiendo de la marca.

Curiosamente, del tema de los motores eléctricos se habla poco. Es más, hasta los mismos fabricantes de vehículos hablan de potencia, de par, lo que es llamativo, ya que cuando se refieren a modelos con motores de combustión casi despiezan el vehículo. Puede que se deba a que los motores eléctricos nos rodean desde siempre, aunque no tanto en coches.

Baste decir que el motor eléctrico es una invención muy anterior a la del motor de combustión interna, pero desplazada por éste. La historia de su evolución es apasionante, pero no es éste el lugar para su relato, así que dejamos en manos de la bibliografía una mayor extensión del tema (15).

— **Transformador**. Es el que se ocupa de transformar la corriente alterna de la red eléctrica en continua, que es la que se acumula en la batería.

— **Batería**. Las baterías, de iones de litio sobre todo, son las que almacenan la energía, proveniente del cargador, en pequeñas celdas. Con ellas se alimenta todo el coche eléctrico.

— **Inversor**. Tiene la función de convertir la corriente continua de la batería en alterna para alimentar el motor. Ya hemos dicho que la mayor parte de los vehículos eléctricos llevan motores de corriente alterna.

— **Rectificador**. Lo hemos comentado ya. Es el que realiza la función contraria al inversor, transformando la corriente alterna procedente del motor para que pueda ser almacenada en la batería.

— **Controlador**. Se trata de un sistema fundamental en el VE. Regula la potencia que recibe el motor, según lo que pide el conductor a través del acelerador. Además, recibe, supervisa y coordina la información de diferentes sensores para mantener la eficiencia, el buen funcionamiento y la seguridad del sistema.

— **Eléctrico con autonomía extendida**. Ha habido fabricantes que han incorporado un pequeño motor de gasolina al vehículo eléctrico para añadir autonomía al mismo. Es el caso de BMW y de Nissan, que presentó esta tecnología a finales de 2016. El motor de gasolina, en este caso, sólo funciona para recargar la batería y, generalmente, no ofrece mucho rango.

Veremos bien la diferencia entre este sistema, el eléctrico puro, y el híbrido enchufable en las siguientes imágenes de Nissan:

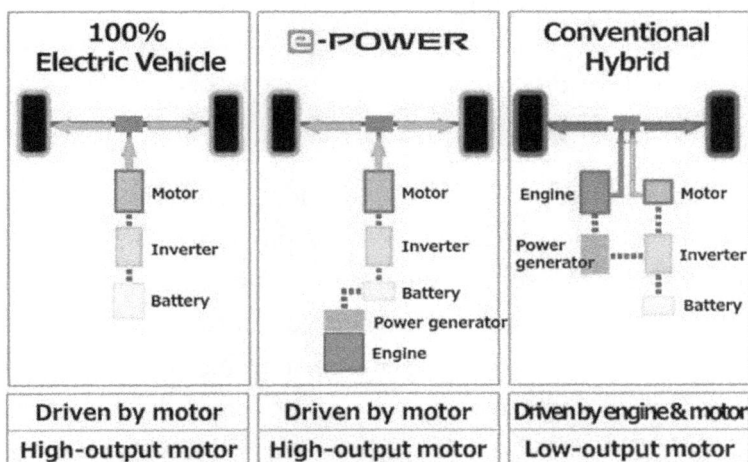

100% Electric Vehicle	e-POWER	Conventional Hybrid
Motor	Motor	Engine / Motor
Inverter	Inverter	Power generator / Inverter
Battery	Battery	Battery
	Power generator	
	Engine	
Driven by motor	Driven by motor	Driven by engine & motor
High-output motor	High-output motor	Low-output motor

Sistema Nissan. El e-Power (con autonomía extendida) en el centro.

¿Cómo es un híbrido-enchufable?

La tecnología de un vehículo híbrido-enchufable (PHEV) es similar a la de un híbrido normal —como la del popular Toyota Prius, entre otros— y a la de un vehículo de combustión, porque es la combinación de ambos, sólo que la batería del híbrido-enchufable es mayor que la del híbrido y se puede recargar con un enchufe a la red. Por ello, posee una autonomía mayor, en modo eléctrico, que la de los híbridos, pudiendo hacer más kilómetros sólo con la batería.

La batería, además de recuperar energía en frenadas, descensos, cuando retiene el motor o por la inercia, tiene la ventaja de que está pensada para una autonomía que es la que utilizan los ciudadanos en sus traslados diarios, lo que reduce emisiones de gases contaminantes, abarata el precio por kilómetro y, gracias al motor de combustión, permite la realización de viajes largos, sin tener que estar pendiente de las infraestructuras de carga existentes.

El PHEV posee una tecnología que es buena como puente hacia el vehículo cero emisiones. La evolución de las baterías también favorecerá a este tipo de vehículos, ampliando su autonomía en modo eléctrico. Y, en su favor, igualmente, diremos que están considerados "vehículos cero", es decir, poco contaminantes, por lo que se benefician de menores impuestos y no tienen problemas a la hora de circular o aparcar en ciudades con acceso restringido. Y son silenciosos.

Su sistema de funcionamiento es como el de un vehículo de combustión y un eléctrico, combinados. De hecho, el equilibrio de ambos motores dota de una gran eficiencia a estos vehículos. También se benefician de una aceleración mejor que la que ofrece el motor de combustión, porque la potencia eléctrica es inmediata al pisar el acelerador.

Para conocer un poco mejor el funcionamiento de un híbrido-enchufable, vamos a tomar como ejemplo el Mitsubishi Outlander PHEV, cuyos datos de ventas para 2018 han sido excepcionales, tanto en España, como en Europa, incluso en el resto del mundo. En nuestro país, como en Europa, ha sido líder indiscutible, dentro de los PHEV.

* Mitsubishi Outlander PHEV

Una breve mirada sobre su tecnología: El Outlander es un SUV, que combina un motor de gasolina y dos eléctricos, con una potencia combinada de 135 CV. Aparecerá en nuestra lista de modelos, pero ahora queremos, simplemente, especificar los componentes que nos interesan y sus modos de funcionamiento:

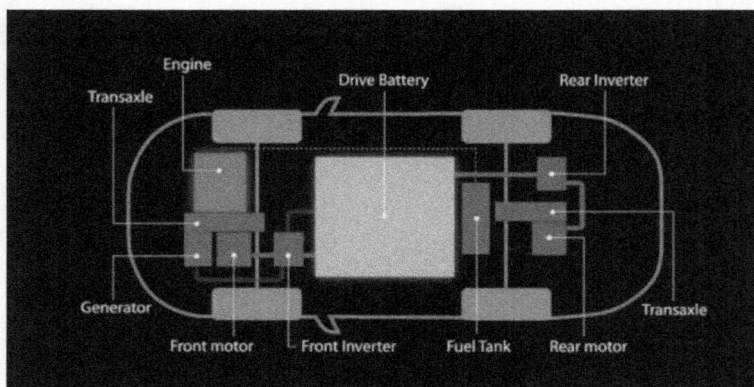

* **Mitsubishi Outlander. Estructura del sistema**

Destacamos entre sus componentes:

- **Motores eléctricos.** Lleva dos motores eléctricos independientes, montados sobre los ejes delantero y trasero, que le proporcionan tracción total 4WD.
- **Un motor de gasolina.** Es un 2.0 que apoya a los motores eléctricos cuando es necesario y permite hacer viajes largos con el combustible.
- **Un generador.** Transforma la potencia del motor de gasolina en electricidad para recargar la batería de tracción y apoyar a los motores eléctricos cuando es necesario.

- **Una batería de tracción.** La batería de ión-litio, la más utilizada, está instalada bajo el suelo y es recargable mediante enchufe a la red. Se puede realizar la carga normal en cinco horas, aunque también añade la posibilidad de realizar una carga rápida —el 80%—, con el cargador apropiado, en 25 minutos, en una instalación de carga rápida comercial.

En cuanto a sus modos de conducción:

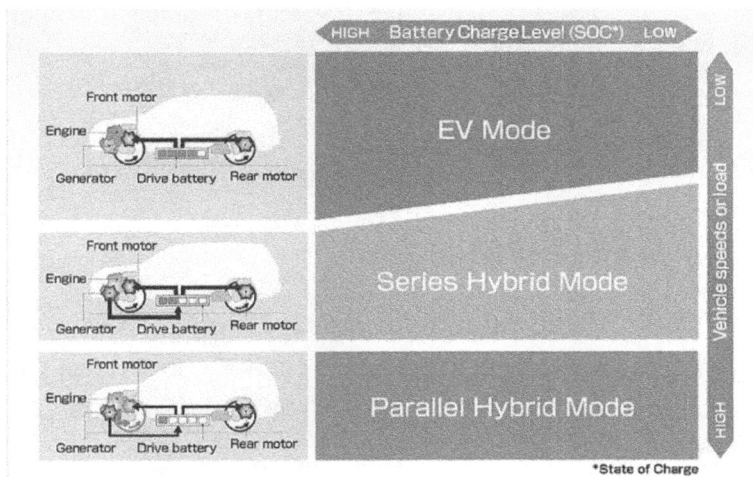

* Modos de conducción. Mitsubishi Outlander PHEV

— **Modo EV.** En este modo, el vehículo es impulsado por los motores eléctricos de los ejes delantero y trasero, que se alimentan de la batería. En este modo es silencioso y no contamina, por lo que es perfecto para la ciudad. En el Outlander la autonomía es de entre 54 y 60 km, según indica Mitsubishi.

— **Modo híbrido en serie**. Cuando se necesita aceleración, o si la batería está baja, el sistema cambia automáticamente al modo híbrido en serie para activar el motor de gasolina. Los motores eléctricos propulsan el vehículo con la electricidad generada por el motor de gasolina.

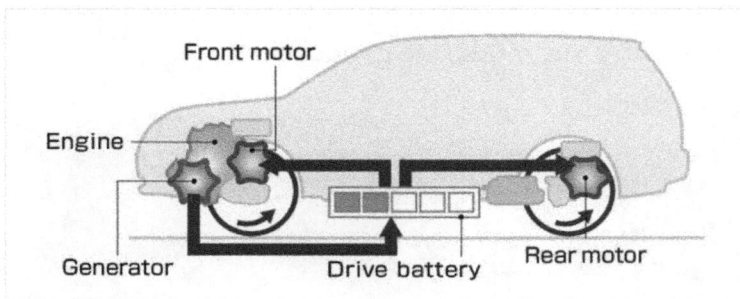

* **Mitsubishi Outlander.**

— **Modo híbrido paralelo**. En este modo es el motor de gasolina el que impulsa las ruedas y la energía excedente se utiliza para recargar la batería o para que los motores eléctricos aporten potencia adicional, por ejemplo, para adelantamientos. Es el modo apropiado para las autopistas, autovías, etc...

¿Cómo es un vehículo de hidrógeno?

A pesar de que lo metemos en el grupo de vehículos eléctricos, tiene grandes diferencias con ellos. Las principales afinidades, comparando ambos con vehículos de combustión interna, es que son más eficientes, que no emiten gases contaminantes, que no necesitan combustibles fósiles, que tienen uno o más motores eléctricos y que son más caros. Pero el vehículo de hidrógeno (FCEV) tiene ventajas e inconvenientes, con respecto al vehículo eléctrico puro.

* Hyundai Nexo

Empezaremos diciendo que los FCEV son vehículos que por funcionar a baja temperatura, tienen una elevada eficiencia energética y no producen energía, en forma de calor, que se desperdicie inútilmente. Los vehículos de hidrógeno también tienen a su favor, de cara a un futuro cercano, que la densidad energética de sus baterías, en relación al peso, es superior a la que se consigue en las de los VE, por lo que los vehículos más pesados tienen un mejor rendimiento con el hidrógeno.

A diferencia de un automóvil eléctrico, el de pila de combustible no se recarga mediante un enchufe. En su lugar dispone de unos tanques de hidrógeno que se cargan en una hidrogenera, como si de gasolina se tratara, con manguera y en un tiempo similar al que tardan en llenarse los depósitos de combustibles tradicionales, unos minutos. Por otra parte, tienen mucha más autonomía que los eléctricos.

Si tuviéramos que hablar de precios, diríamos que el coste por kilómetro es más caro en el vehículo de hidrógeno que en el eléctrico puro, por el coste del propio hidrógeno y porque el eléctrico consume menos. Hacer 100 km, a día de hoy, con un vehículo de hidrógeno puede costar unos 8,5 euros.

Para hablar de ellos vamos a conocer el recién llegado a nuestro país: el Hyundai Nexo, cuyas especificaciones tendremos en nuestra lista de vehículos más adelante.

- **Sus componentes**. El vehículo de hidrógeno lleva un motor eléctrico, la pila de combustible —donde se produce el proceso electroquímico y se genera la energía—, una batería y los tanques de hidrógeno.

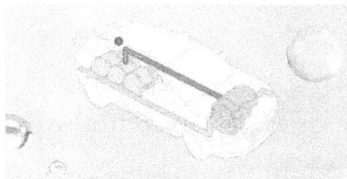

1. Paso de hidrógeno de tanques a pila

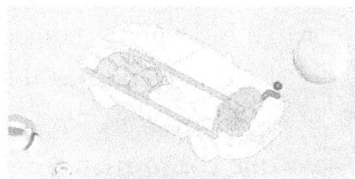

2. Entrada de aire

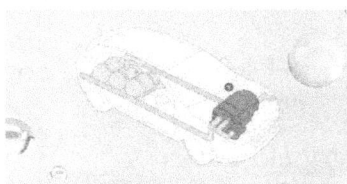

3. Reacción de aire e hidrógeno

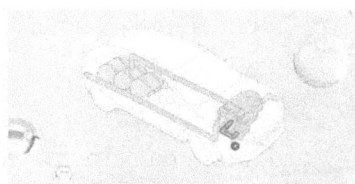

4. Energia a motor

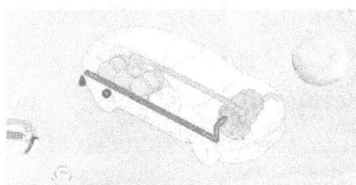

5. Salida de agua por escape

* Hyundai Nexo. Funcionamiento del sistema de hidrógeno

- **Su funcionamiento.** A grandes rasgos, el proceso es el siguiente: cuando el hidrógeno almacenado en los tanques pasa a la pila de combustible, se produce un proceso electroquímico, al entrar las moléculas de hidrógeno en contacto con el oxígeno del aire cuya entrada se fuerza. El flujo de electrones resultante proporciona la energía a la batería para alimentar el motor eléctrico. El resto del proceso químico es la producción de agua, templada, que es expulsada por el tubo de escape.

El procedimiento, esquematizado sería:

— El hidrógeno almacenado en los tanques abastece la pila de combustible.

— Se inyecta aire (oxígeno) a las celdas de combustible que conforman la pila.

— La reacción del oxígeno del aire y el hidrógeno genera energía y agua.

— La energía llega a la batería y el agua se expulsa por el escape.

— La batería alimenta el motor eléctrico.

- **Seguridad**. Lo cierto es que hemos oído hablar, en diferentes ocasiones, de los problemas del hidrógeno, con respecto a la seguridad, pero más bien es un problema de desconocimiento, puesto que sus riesgos no son mayores que los que requieren el uso de gas natural o de gasolina.

A este respecto, nos remitimos al Consejo Nacional del Hidrógeno. Transcribimos literalmente una parte de lo que dice sobre seguridad.

"En el caso del hidrógeno, el riesgo de una explosión es mucho menor que otros combustibles más habituales ya que se vuelve explosivo en concentraciones entre el 18,3% y el 59%. En comparación, los vapores de gasolina pueden explotar en concentraciones de poco más del 1%. A esto hay que añadir que, mientras el hidrógeno tiende a subir y dispersarse en el ambiente, otros gases más pesados como el propano o los vapores de la gasolina tienden a acumularse cerca del suelo, lo que aumenta el riesgo de una explosión.

Por último, es importante recordar que el hidrógeno no es tó-

xico ni contaminante, no mancha, no huele, y con la tecnología actual, su producción no perjudica al medio ambiente". (16)

- **Euro NCAP y medio ambiente**. No podemos olvidar un par de apuntes más, que queremos dejar reflejados a través del Nexo.

El primero tiene que ver con la seguridad de conducción de un vehículo. Para ello, vamos a referirnos a Euro-NCAP. Es un organismo independiente con un programa de seguridad para automóviles. Está apoyado por gobiernos europeos, fabricantes y organizaciones relacionadas con el sector automoción de todo el mundo. Organiza pruebas en vehículos nuevos y brinda a los usuarios de automóviles una evaluación de la seguridad de vehículos vendidos en Europa (17).

Pues bien, cuando Euro-NCAP anunció los mejores vehículos de 2018, tras realizar sus pruebas de seguridad, el Hyundai Nexo consiguió ser el mejor de los SUV grandes, sin importar la tecnología. Era la primera vez que un vehículo de hidrógeno conseguía ese reconocimiento, así como las cinco estrellas Euro-NCAP. Y ha sido posible gracias a la incorporación de tecnologías de seguridad, como el asistente de colisión frontal con detector de peatones, el sistema activo de seguimiento de carril o el sistema activo de cambio involuntario de carril, por citar algunos.

También hemos de decir que el Lexus ES híbrido, fue el galardonado como el mejor en la categoría de coches familiares grandes y, además, se llevó el premio de la nueva categoría como mejor auto híbrido o eléctrico.

Todo esto indica que la seguridad de los coches de los que hablamos es muy alta.

El segundo aspecto tiene que ver con la contribución del Nexo al medio ambiente. Es un punto de gran importancia, en nuestra opinión.

A comienzos del presente 2019 conocimos un proyecto en el que Hyundai había estado trabajando con la University College de Londres (UCL). Elaboraron un mapa de las calles más contaminadas de la capital inglesa, en función de los niveles de dióxido de nitrógeno (NO_2) y de partículas detectados.

Después, y con los datos, elaboraron un recorrido por las calles que excedían los límites de contaminación fijados por la UE. El objetivo, curiosamente, era demostrar que el Hyundai Nexo es capaz de limpiar el aire de las zonas por las que circula. Y los resultados fueron sorprendentes. En una hora, el SUV puede purificar 26,9 kilogramos de aire, la cantidad que 42 adultos respiran en ese tiempo. Por tanto, poner en circulación 10.000 Nexo tendría el mismo impacto en la reducción de contaminación que plantar 600.000 árboles.

La tecnología del Hyundai Nexo está por detrás de todo esto. Ha sido diseñado específicamente con un sistema de filtrado capaz de limpiar el aire de las vías por las que circula. En una primera fase, el aire exterior pasa por un filtro, que retiene más del 97% de las partículas. A continuación, más partículas son absorbidas por la superficie del humidificador. Por último, el aire llega a las celdas después de atravesar unas paredes realizadas con un papel especial de fibra de carbono con una estructura de microesporas.

Tras el proceso, el aire que se expulsa está libre de más del 99,9% de partículas ultrafinas. Éstas son absorbidas y quedan retenidas por los diferentes componentes del sistema de filtrado.

Si pudiéramos diríamos: ¿A que es genial? Lo es, sin duda. Parece el comienzo de la reversión de lo que contaminamos con nuestros coches.

Otras tecnologías

Aunque las tecnologías de este libro son las que parece que van a dominar el futuro a corto y medio plazo, debemos decir que existen otras posibilidades. Investigaciones hay muchas, pero nos vamos a centrar exclusivamente en la que tiene visos de estar en la calle ya mismo. Es la solar, la de los coches alimentados con energía solar o la de los vehículos que llevan paneles solares.

Es probable que, como nos pasa a nosotros, el lector se haya preguntado alguna vez por qué no se utiliza el sol en nuestro país para propulsar los vehículos. Pues eso es lo que se debieron preguntar los que han impulsado las "startups" que han surgido para desarrollar vehículos eléctricos con paneles solares.

Incluso, investigando un poco más, sabremos que la idea tiene más de medio siglo y que han sido varios los intentos por desarrollar un coche propulsado con energía del sol. Lo cierto es que es complicado. Estudios de algunos expertos han indicado que la energía del sol, utilizándola con una eficiencia del 100%, da una potencia insuficiente. Sin embargo, otra cosa es utilizar la energía del sol combinada. Y es ahí donde nos vamos a apoyar.

Tampoco carece de dificultades hacer un vehículo con paneles solares. La primera complicación que surge es la misma colocación de las placas solares en la parte exterior. Su situación debe ser óptima para recoger la mayor cantidad de energía solar, lo que no es fácil. Otros problemas que añadimos, por citar algunos, son: sobrecalentamiento y peso, cómo solventar posibles daños a las placas, en caso de impacto en la carrocería, o cómo protegerlas de las inclemencias climáticas.

Pero estas dificultades parece que las ha solventado una pequeña empresa alemana, Sono Motors, nacida en 2016 a partir de tres personas. Desde su creación, Sono ha crecido exponencialmente, gracias al desarrollo de un prototipo con paneles solares, el Sion. La original idea de la pequeña empresa fue buscarle soluciones a la movilidad y a los vehículos impulsados por petróleo, así como hacer de la producción algo sostenible.

En apenas dos años, Sono Motors tiene un gran equipo de profesionales trabajando en el Sion, un vehículo que estará en el mercado en la segunda mitad del presente año. El coche utiliza células de silicio monocristalinas, altamente eficientes, para los módulos solares, que se encuentran en el techo, el capó y los laterales del vehículo.

El Sion también puede compartir energía con otros vehículos. Utilizando un enchufe doméstico, todos los dispositivos electrónicos comunes con hasta 2,7 kW pueden ser alimentados por el Sion. Sobre un enchufe tipo 2, el Sion puede proporcionar aún más potencia, con hasta 7,6 kW.

Desde su presentación, en 2017, Sono Motors ha conseguido la financiación para su desarrollo, mediante una campaña de crowdfunding, así como más de 9.000 reservas para la adquisición del Sion.

A día de hoy, otra empresa nos llama la atención, porque parece haber roto la barrera de la falta de potencia. Se trata de Lightyear, una compañía holandesa, también fundada en 2016, que durante este 2019 va a lanzar su primer modelo, el Lightyear One. Nació de un grupo de estudiantes y el desarrollo de un prototipo impulsado por energía solar.

El One estará equipado con 4 motores eléctricos, uno sobre cada rueda, y casi 4 metros cuadrados de paneles solares curvos, que pueden absorber la luz solar desde múltiples direcciones. La compañía dice que el One podrá recorrer entre 400 km y 800 km con una carga completa, dependiendo de la configuración. Lightyear asegura que el 75% del uso anual del One, unos 20.000 km, estará cubierto por el sol. El vehículo también contará con un puerto de carga a la red, por si fuera necesario.

Poco es lo que sabemos de momento del One, pero el desafío nos tiene intrigados. En todo caso, lo que sí es real es que el precio del Sion es de 16.000 euros, 20.000 con batería, y que el Lightyear One saldrá al mercado con un precio desde 119.000 euros.

La evolución del vehículo eléctrico. El caso del Nissan LEAF

Hemos elegido el Nissan Leaf para ver cómo ha evolucionado el mercado del vehículo eléctrico porque es el primero que se fabricó en serie para todo el mundo y porque es el que más unidades vende, y ha vendido. Su historia y sus transformaciones nos llevan a través de la evolución de la movilidad eléctrica. Es apasionante la acogida que han ido teniendo sus cambios, sus mejoras. El LEAF nos ayuda a entender por qué se apuesta con firmeza en el vehículo eléctrico.

* Nissan LEAF 2010

El Nissan LEAF nació directamente para ser vehículo eléctrico y lo hizo en 2009. Recordamos cuando el fabricante desveló en Japón el coche en agosto de ese año. Se presentó como el "primer vehículo de emisiones cero asequible para su comercialización mundial". Se trataba de un compacto, de tamaño medio, que iba equipado con baterías de iones de litio y podía realizar 160 km antes de tener que recargar.

Supuso, en palabras de Nissan, el inicio de una nueva era para la movilidad: "La era de las emisiones cero".

El vehículo contaba con un motor de 80 kW, 107 CV, impulsado por una batería de iones de litio de 24 kWh, fabricada en la planta de la Automotive Energy Supply Corporation (AESC) en Zama, Japón, una empresa conjunta de Nissan Motor Co., Ltd. y NEC Corporation.

Entre 2010 y 2011 ya estaba a la venta en Japón, Estados Unidos y Europa. Y, a partir de ahí, empezó a crecer el número de unidades entregadas, así como el de premios que iba consiguiendo. A comienzos de 2013 ya se habían vendido más de 50.000 unidades en todo el mundo, desde su lanzamiento en 2010. Y Nissan decía que los propietarios de un LEAF "habían cubierto una distancia total de más de 260 millones de kilómetros, una distancia mayor que la de la Tierra al Sol".

Entonces, la marca anunció que un nuevo LEAF llegaba al mercado y lo hacía con un nuevo sistema de propulsión, basado en un motor eléctrico de 109 CV, alimentado por una compacta batería de iones de litio, de 48 módulos, diseñada por Nissan, más eficiente.

El 20 de enero de 2014, Nissan anunció que había vendido 100.000 LEAF, consiguiendo una cuota del mercado de vehículos eléctricos del 45%. A finales de ese año, ya había superado los 147.000 LEAF vendidos. Mientras, sus propietarios habían registrado, en conjunto, la cifra de mil millones de kilómetros en todo el mundo, lo que significaba que habían evitado la emisión de más de 180 millones de kilogramos de CO_2 a la atmósfera.

* Nissan LEAF 2013

Antes de terminar el 2015, Nissan informaba de 200.000 unidades vendidas, así como un LEAF mejorado. La nueva batería, de 30 kWh, en lugar de 24 kWh, era su principal diferencia. La introducción de nuevos elementos químicos —carbono, nitrógeno y magnesio en los electrodos— mejoraba el rendimiento. Además, se habían rediseñado las celdas de la batería. Como consecuencia, la autonomía del vehículo aumentaba un 26%, hasta los 250 km con una sola carga.

* Nissan LEAF 2015

A mediados de 2016, teníamos un pequeño avance de que ahí no iban a quedar las cosas. Varios ingenieros de Nissan habían creado un prototipo del Nissan LEAF con una batería de 48 kWh durante su tiempo libre. La batería de este vehículo tenía el doble de tamaño que la del coche original, el primer LEAF, y un aumento del 75% de la autonomía en condiciones normales.

Poco después, en el Salón de Las Vegas de enero de 2017, Nissan avisaba de un nuevo LEAF. También informaba que se habían pasado las 250.000 unidades vendidas y 3.000 millones de kilómetros recorridos, la distancia que equivaldría a ir a Saturno y volver. El LEAF, según esto, había evitado la emisión de 497.227 toneladas de CO_2, equivalente a las emisiones de más de 52.000 casas cada año en los Estados Unidos.

* Segunda generación del Nissan LEAF

La segunda generación del LEAF fue presentada en septiembre de ese mismo año. Nissan anunciaba inmediatamente después una edición especial, la versión de lanzamiento, del que se iban a hacer unidades limitadas y cuya entrega se realizaría en los primeros meses de 2018. Se trataba del LEAF 2.ZERO.

Las noticias daban a la segunda generación del vehículo mayor autonomía, de hasta 378 km, una recarga rápida gracias a su nueva batería de 40kWh, recuperando el 80% en 40 minutos, así como 110kWh (150 CV) de potencia.

Antes de que se empezara la fabricación en Sunderland (U.K.) había ya 10.000 peticiones en Europa de esa segunda generación. Entre enero y junio de 2018, sólo en Europa, más de 18.000 clientes pidieron un LEAF. En junio, el LEAF lucía el título de ser el vehículo eléctrico más vendido del planeta, con más de 340.000 unidades entregadas desde que saliera por primera vez a la venta en 2010. Y a ello hay que añadir los más de 100 premios internacionales recibidos. Las ventas del LEAF en 2018 llegaron a las 40.000 unidades.

A comienzos de enero del presente 2019, nos llegaron informaciones sobre una nueva versión, el Nissan LEAF e+. Se trata de un modelo con un motor más potente de 160kW (215CV) y una batería con más autonomía (62kWh). En ciclo WLTP, la autonomía del LEAF e+ es de 385 km. El actual, con el mismo ciclo de homologación, tiene una autonomía de 270 km.

La nueva batería de alta potencia lleva 288 celdas (el de 40kWh lleva 192). A la hora de recargar la batería, el LEAF e+, conectado a un cargador de 100 kW, tardará más o menos lo mismo que un LEAF de 40kWh, conectado a un cargador rápido (de 50kW).

No había terminado enero cuando supimos que Nissan iba a hacer una nueva edición especial, de 5.000 unidades para Europa: el LEAF e+ 3.ZERO. A esa mayor potencia, 160 kW (217 CV), y autonomía, de 385 km, la versión incorpora una pantalla de 20 cm (8 pulgadas). También añade servicios adicionales de conectividad, como el sistema de navegación integral, y una nueva aplicación para el sistema NissanConnect EV.

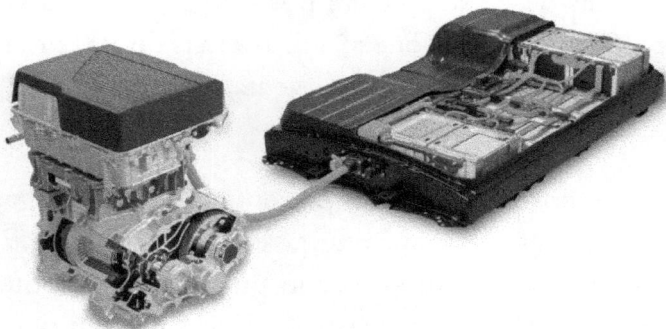

* **Nissan LEAF e+ ZERO.** Nueva batería de 62 kWh

A fecha de enero de 2019, el Nissan LEAF ya había llevado su cifra de ventas hasta 380.000 unidades. Algo que parecía impensable hace pocos años y que, volvemos a decir, confirma la confianza global en el vehículo eléctrico.

Ordenador de abordo. Común a los vehículos electrificados

Hemos querido recoger aquí la navegación y los sistemas de información y entretenimiento que incorporan los vehículos eléctricos. Lo hemos llamado "ordenador de abordo", a pesar de que el término no está bien empleado y que lo utilizamos sólo en el lenguaje de vehículos. Sin embargo, define lo que es: un sistema que analiza, informa, está conectado y añade interesantes aplicaciones.

Lo incorporan todos los vehículos, pero en los eléctricos, híbridos, híbrido-enchufables y de hidrógeno añaden monitorizaciones energéticas muy a tener en cuenta.

Podemos comprobarlo con el ejemplo del que llevan los Nissan.

NissanConnect es el sistema de conectividad para un vehículo Nissan. Información, entretenimiento, navegación, seguridad y muchas funciones más. Añade aplicaciones para Smartphone que permiten conectar vehículo y móvil para utilizar funciones remotas desde el último. Y al contrario, al vincular ambos, se pueden utilizar aplicaciones que se usan en el móvil desde la pantalla del vehículo.

Entre otras cosas, el NissanConnect lleva mapas integrados europeos, con navegación detallada y búsqueda en Google. Además, a través de USB o Bluetooth® el vehículo accede a la lista de reproducción de audio (incluidos ciertos servicios de streaming online).

Por su parte, NissanConnect EV ayuda a planificar recorridos y recargas de un vehículo eléctrico. Y también aporta información para hacer más eficientes los trayectos, basándose en la forma de conducir.

Es interesante, para los vehículos eléctricos, el hecho de que con el móvil se pueda activar la recarga, o que se pueda activar el climatizador para que el coche esté a una mejor temperatura cuando va a ser utilizado.

Medidor de potencia
y autonomia

Tiempo de recarga

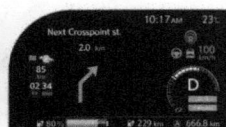

Navegación

Audio Bluetooth

Sistema de telefonía

Conexión con el móvil

* Nissan Connect

Hoy en día, estos sistemas son comunes en casi todas las marcas, dependiendo de los modelos. En los híbridos e híbrido-enchufables añaden una interesante función. Se trata de información sobre el comportamiento del coche en cuestión de energía. El conductor sabe en cualquier momento de qué parte del vehículo procede la energía que está consumiendo.

Para entenderlo, nos permitiremos un recuerdo. Cuando en 2003 llegaron a España las tres primeras unidades de prueba de la segunda generación del Toyota Prius, el primer híbrido fabricado en serie en el mundo, pudimos comprobar de primera mano cómo había evolucionado la tecnología de automoción. Y lo hicimos con gran asombro.

El Prius fue el primer modelo en el mercado que incorporó un sistema híbrido, un motor de gasolina y uno eléctrico, capaces de coordinarse para que la propulsión fuera más eficiente y el consumo menor. La segunda generación, con un diseño innovador, aerodinámico y llamativo, era capaz de adaptarse al conductor mediante el equilibrio entre ambos motores. El motor eléctrico apoyaba, y apoya, al de combustión para mejorar el rendimiento. Puesto que se puede conducir en modo eléctrico, recuerdo cómo se deslizaba en silencio y todo el mundo se extrañaba alrededor.

La pantalla del salpicadero del Prius informa cómo está gestionando el coche la energía. Así se puede saber si está recurriendo al motor de gasolina o a la batería, si el motor de gasolina está cargando la batería, si está actuando el motor eléctrico de generador para recuperar energía de la frenada y enviarla a la batería, etc...

Hoy todos los vehículos híbrido-enchufables monitorizan el sistema para que el usuario sepa cómo están funcionando motores y batería. Y, a pesar de que cada vez incorporan más pantallas y aplicaciones, la gestión de la energía es muy intuitiva.

Desmontando mitos sobre los VE

Al empezar el invierno, las personas que dudan sobre el vehículo eléctrico se hacen numerosas preguntas. Muchas de ellas están basadas en cuestiones hoy superadas.

En fin, por si alguien tiene alguna duda sobre si la idea es, o no, la adquisición de un Ve, dejamos aquí parte de estas cuestiones. Es meramente informativo, pero puede aclarar algunas dudas.

El frío no afecta hoy como antes a las baterías, entre otras cosas porque llevan sistemas de calentamiento y de refrigeración propios, para evitar que se deterioren con rapidez.

Es aconsejable en invierno activar la calefacción antes de entrar en el vehículo, mientras está cargando. La calefacción de los VE no utiliza el calor que genera el coche para calentar, pero sí es cierto que los sistemas de asientos calefactables hacen un aprovechamiento mejor de la energía, con lo que evitan que la calefacción consuma más. En todo caso, con una autonomía en la práctica de unos 260 km, el calentamiento inicial suele consumir entre 6 y 8 km.

El único problema para la carga con temperaturas por debajo de los 10 grados bajo cero sólo se debe tener en cuenta en las estaciones de recarga rápida, porque la batería debe estar a cierta temperatura. Pero, como hemos dicho antes, la batería se aclimata para carga de la forma más eficiente.

En cuanto a si frena mejor o no con frío, el rendimiento de los frenos es el mismo. La única diferencia, si acaso, está en la frenada regenerativa, que puede obtener algo menos de energía. Inapreciable en todo caso para el conductor.

Otras dudas curiosas. Leímos hace un tiempo en una web inglesa algunas preguntas que hacían los usuarios sobre el vehículo eléctrico. Lo cierto es que da la impresión de que no hemos comprendido aún que las diferencias, a la hora de conducir, entre un VE y uno de combustión tienen que ver con la carga y con que los primeros no emiten el ruido de un motor de combustión.

Sin embargo, hay cosas que nos parecen lógicas, como que no se pueden utilizar cables de arranque para la batería, porque la batería de un vehículo eléctrico se carga y con la energía que tiene el coche funciona. Si la batería está mal, está mal, lo cables no valen para nada, más que para dar corriente a alguna batería auxiliar que incorpore el vehículo para ordenadores o pantallas. Pero el VE no se arranca.

Otra cosa que debemos dejar claro es que los VE también se limpian en los "lavados automáticos", igual que los coches normales. Sin problema. Igual que se mojan cuando llueve.

La forma de conducción sí actúa sobre la autonomía del vehículo. Si nos empeñamos en salir desde parado con el acelerador a fondo, consumiremos más energía que si lo hacemos suavemente. La forma de conducción es la que impone el conductor y se puede consumir más energía en modo SPORT, que incorporan muchos vehículos, que en modo ECO.

Finalmente, hemos de recordar que las baterías actuales tienen muchos ciclos de carga y que la pérdida de capacidad es tan mínima que, tras 150.000 km, la mayoría de los coches tendrán aún entre un 75% y un 92% de la misma. Enseguida veremos este tema con más amplitud.

Baterías

El tema de las baterías es realmente complicado, porque evoluciona a gran velocidad. Es fácil entender esta afirmación pensando cómo eran los teléfonos móviles antes, por el tamaño y la eficiencia de sus baterías. Hoy han cambiado considerablemente y lo mismo ocurre con los vehículos eléctricos.

Pero hay otros inconvenientes, sobre todo los relacionados con sus componentes. Y puesto que las baterías que más utilizamos son las de iones de litio, ión-litio, diremos que sus componentes, sobre todo cobalto y litio, son escasos y difíciles de extraer. Si la demanda de los vehículos eléctricos sigue como se prevé, las necesidades de litio y cobalto pueden llegar a triplicarse en apenas 7 años.

Uno de los aspectos a tener en cuenta es que, a día de hoy, el 65% del suministro global que se produce cada año de cobalto procede de la República Democrática del Congo, un país con inestabilidad política y que emplea frecuentemente mano de obra infantil en las minas.

Visto lo visto, supimos hace unos meses que el propio Fondo Monetario Internacional (FMI) estaba alertando sobre el aumento de precios de estas materias primas y la incidencia de una posible escasez, que frenaría la revolución del vehículo eléctrico.

Según el FMI, el precio del litio aumentó más del 30% en 2017. Y aún más espectacular ha sido el aumento del precio del cobalto, un 150% entre septiembre de 2016 y julio de 2018. El problema radica en las cadenas de suministro inseguras.

Con todos estos problemas, no es extraño que la evolución de las baterías pase por el desarrollo de un número incalculable de nuevas tecnologías, con materias primas más sencillas de conseguir y más económicas. Parece que el mundo "se ha puesto las pilas" en este aspecto. Lo veremos enseguida cuando citemos algunas de las tecnologías en las que se está invirtiendo más.

La batería es el componente más complejo de un vehículo eléctrico y el que hace que sea más caro que uno de combustión, alrededor de un 40% más. En realidad, la batería es un almacén de energía química, compuesto por celdas electroquímicas que convierten la energía en corriente eléctrica. Soportan un número limitado de ciclos de carga y descarga completos, llamados ciclos de vida. No vamos más que a esbozar lo que son, pero sí queremos apuntar en qué línea van las investigaciones actuales para conocer algo más sobre su posible evolución y el por qué pensamos que la dependencia del litio y el cobalto es puntual.

Baterías recargables, en síntesis

Las baterías de un vehículo eléctrico son recargables. Todas las baterías recargables, igual que las no recargables, tienen celdas con una carcasa metálica exterior que protege sus elementos y, en el caso de las baterías de ion litio —que son las más utilizadas en vehículos eléctricos—, que presuriza. En este caso, la carcasa añade sistemas de seguridad para evitar sobrecalentamientos y liberar excesos de presión.

Los elementos constitutivos de una batería son: un electrodo positivo; un electrodo negativo; un disolvente químico, llamado electrolito, y un separador. El ánodo y el cátodo se sumergen en un disolvente orgánico que actúa como electrolito y que contiene el separador, que precisamente separa electrodos positivo y negativo, pero deja pasar iones.

En síntesis, aprovechamos la energía que se desprende de reacciones químicas de oxidación-reducción, dentro de las celdas, para producir una corriente eléctrica. Durante la descarga, uno de los electrodos se oxida, liberando electrones, y el otro los gana, reduciéndose. Durante la carga se invierte el proceso, de manera que los componentes vuelven al estado anterior, utilizando la corriente eléctrica para producir el cambio químico.

Los electrones constituyen el flujo de corriente eléctrica que atraviesa el circuito externo. Mientras, el electrolito puede servir como un medio de transporte para el flujo de iones entre los electrodos, tal es el caso de la batería de iones de litio y de la de níquel-cadmio, o puede ser un participante activo en la reacción electroquímica, como en la batería de plomo-ácido.

Las celdas, donde se produce la reacción, se combinan en módulos. Las grandes baterías de los coches están compuestas por una serie de módulos y por muchas celdas.

Características de las baterías de los VE

Los parámetros que debemos tener en cuenta sobre las baterías de los vehículos eléctricos son:

— **Densidad**. Identifica la energía que almacena y suministra la batería por cada kilogramo, expresada en Wh/kg (vatios-hora por kilogramo). A nivel práctico, una elevada densidad de energía en una batería permitirá acumular mucha mayor carga por unidad de peso y volumen. Cuanto mayor sea la densidad de la batería, mayor autonomía del vehículo, así como menor peso y tamaño de la batería.
— **Capacidad.** Es la carga que puede almacenar. Se mide en amperios-hora (Ah). Así, Por ejemplo, una capacidad de carga de 1 amperio-hora indica que la batería puede suministrar una intensidad de corriente de 1 A durante 1 hora antes de agotarse.
— **Potencia.** Expresada en W/kg. Es la capacidad de proporcionar potencia (amperaje máximo) en el proceso de descarga. Cuanto mayor sea la potencia, mayores

prestaciones tendrá el vehículo.

— **Eficiencia**: Es el rendimiento de la batería, la capacidad de proporcionar potencia en el proceso de descarga, en relación con la energía recibida durante la carga. Se mide en tanto por ciento.

— **Ciclo de vida**: Ciclos completos de carga y descarga que soporta la batería antes de ser sustituida. A mayor número de ciclos, mayor durabilidad.

Tipos de baterías

Las baterías de ión-litio

Empezamos refiriéndonos a ellas porque son las más utilizadas en vehículos eléctricos, actualmente, y porque siguen una evolución que mejora día a día su densidad, eficiencia, rendimiento, etc. Vamos a citar lo que hay hasta el momento.

* **Nissan. Vehículos eléctricos**

— **Batería de ión-litio (LiCoO2).** Estas baterías emplean como electrolito una sal de litio. Habitualmente, el ánodo es de grafito, o grafito y silicio, y el cátodo de litio, níquel, cobalto y aluminio —que es lo que utiliza Panasonic para las baterías de los vehículos Tesla—, o de litio, níquel, manganeso y cobalto —que es lo que utiliza LG Chem, para marcas como Volkswagen o Renault, por citar alguno—.

El uso de nuevos materiales ha ayudado a conseguir que esta batería tenga alta densidad energética —el doble que la de niquel-cadmio—, así como menores peso y tamaño. Su evolución es constante, por lo que aquello que digamos ahora, en poco tiempo habrá quedado obsoleto, incluido el coste, que ha empezado a bajar, o los ciclos de carga.

Además, tiene alta eficiencia, no tiene efecto memoria, ni requiere mantenimiento y sus componentes son fácilmente reciclables. Entre sus desventajas, el coste elevado de producción, su fragilidad, que corren riesgo de sobrecalentamiento y que necesitan cuidados especiales para su almacenaje.

Otros puntos a favor es que sus ciclos de carga y descarga apenas deterioran su rendimiento. Se necesitan muchos ciclos de carga y descarga para ver que cae el rendimiento de la batería. En favor de lo que decimos, podemos poner como ejemplo la garantía de 8 años del Nissan Leaf, o 160.000 km, así como las estimaciones de que pierde apenas un 8% de su capacidad tras 150.000 kilómetros.

Los ciclos de carga-descarga que soporta son altos,

llegando hasta los 3.000 en muchos casos. En cuanto a su evolución, es constante, de lo que da buena prueba el que hemos pasado de una densidad energética de algo más de 100 Wh/kg, la de las primeras baterías de iones de litio, a valores que van desde 180 Wh/kg a 250 Wh/kg.

Las baterías de ión-litio han dado paso muy importante en los últimos años. Una de las compañías que ha conseguido un mayor desarrollo de este tipo de tecnología ha sido Tesla, con su imprevisible presidente a la cabeza, Elon Musk.

Teniendo en cuenta lo que decíamos, que el precio en 2010 de estas baterías era de 1.000 dólares kW/h, y que los analistas de Bloomberg (18) preveían una caída del precio, llegando a los 100 dólares en 2025, Elon Musk revolucionó el sector cuando a mediados del pasado 2018 anunció que podía fabricar baterías con un coste de 100 dólares kW/h. Esto podría dejar el vehículo eléctrico con costes similares a los de un vehículo de combustión. El presidente de Tesla es singular, cuanto menos, pero si fuera cierto, estaría dando pasos muy por delante de los que hacen otras compañías, con respecto a este tipo de baterías.

Recordemos, además, que una rama de negocio de Tesla se ocupa de desarrollar baterías y paquetes de baterías para el autoconsumo de los hogares, con el fin de poder almacenar energía, procedente de la red en horas valle o de fuentes renovables. En relación a este tema, diremos que ya se vende en España su sistema de almacenamiento para autoconsumo.

— **Batería de ión-litio con cátodo de LiFePO4.** Es parecida a la anterior, con la diferencia de que no usa el cobalto, por lo que tiene una mayor estabilidad y seguridad de uso. Además, el cobalto es escaso y difícil de extraer. También posee otras ventajas, como un ciclo de vida más largo y mayor potencia. Como inconvenientes, su menor densidad energética y su alto coste.

— **Batería Polímero de litio (LiPo).** Es una variación más de las de ión-litio. Tiene mayor densidad energética y mayor potencia. Son ligeras, eficientes y sin efecto memoria. Sus desventajas principales están en el alto coste y el corto ciclo de vida. Sus ciclos de carga-descarga están por debajo de los 1.000 y su densidad 300 Wh/kg.

— **Baterías de estado sólido.** Recientemente hemos conocido que las investigaciones han posibilitado una tecnología de baterías de ión-litio con más energía, mejor densidad, seguridad y vida útil. Se trata de las que llevan un electrolito sólido. En las baterías de litio que usamos habitualmente, el electrolito que permite el flujo de corriente se encuentra en estado líquido.

La sustitución de este electrolito líquido por uno en estado sólido se interpreta como un importante avance en tecnología de baterías. Sus ventajas son claras: duplica prácticamente la densidad energética de una batería de iones de litio actual, no se calienta tanto, el riesgo de incendio es casi cero, se recarga más rápido y su vida útil es mayor.

Todo esto hace que pueda remplazar a las de ión-litio actuales, pero no será hasta dentro de unos años. Lo cierto es que, a día de hoy, sabemos que Samsung, LG Chem y Bosch están embarcados en su desarrollo.

Hace muy poco supimos que Toyota puede ser el primer fabricante que lance un VE con batería de estado sólido y a no mucho tardar. En fin, verdad o no, lo cierto es que la firma japonesa tiene una división específica para la investigación de baterías, en concreto, y hasta donde sabemos, de estado sólido y de metal-aire.

Las baterías tradicionales

Los tipos utilizados, hoy por hoy, son:

— **Batería de plomo-ácido (PB-ácido)**: Su uso en vehículos eléctricos es ya muy escaso, por sus componentes —dada la toxicidad del plomo—, su peso y su recarga lenta. Han quedado más bien para ciertas funciones, como iluminación, etc. Sus ciclos de carga-descarga son muy limitados (800 máximo) y su densidad, muy baja (40 Wh/kg).

— **Batería níquel-cadmio (NiCd)**: Bastante utilizada, tiene el inconveniente de que sus elementos son caros, algunos contaminantes, y que cuenta con el llamado "efecto memoria" (un fenómeno que reduce la capacidad de las baterías con cargas incompletas). Son más utilizadas en otros vehículos, como aviones o helicópteros, por su gran rendimiento a bajas temperaturas. Sus ciclos de carga-descarga son mayores que los de la anterior (2.000 máximo) y su densidad, baja (40-60 Wh/kg).

— **Batería níquel-hidruro metálico (NiMh):** Son similares a las de níquel-cadmio, aunque mejoran la capacidad de éstas, reducen el efecto memoria y son menos dañinas para el medio ambiente. Como desventajas, requieren un mantenimiento elevado, no soportan bien altas temperaturas, ni fuertes descargas, ni altas corrientes de carga. También son de recarga lenta. Sus ciclos de carga-descarga son limitados (500 máximo) y su densidad, entre 30-80 Wh/kg.

— **Batería ZEBRA o Batería de Na-NiCl2:** Estas baterías, también llamadas de sal fundida, trabajan a temperaturas de entre 270° C y 350°, por lo que requieren aislamiento. Utilizan sodio-aluminio-cloro (NaAlCl4) o sodio-níquel-cloro (NaNiCl) triturado, como electrolito. El electrodo negativo es sodio triturado. El electrodo positivo es níquel, cuando está la batería descargada, y cloruro de níquel cuando está cargada. Entre sus beneficios: Bajos costes de vida útil; buenos ciclos de vida; alta densidad de energía; alta densidad de potencia; mantenimiento cero.

Entre sus inconvenientes, además de la temperatura de trabajo, están las pérdidas térmicas cuando no se usa. Esta batería debe estar preferiblemente bajo carga pues así el electrolito no solidifica para poder ser utilizada cuando se necesite. Se emplea más en submarinos, aviones, barcos, etc.

Nuevas tecnologías

Nos quedan por citar algunas tecnologías que hemos ido conociendo de un tiempo a esta parte y que suponen una novedad en este complicado mundo de las baterías. Tal es el caso del magnesio. El proyecto de la Unión Europea "E-MAGIC" (European Magnesium Interactive Battery Community) (21) se centra en las baterías de magnesio. Intervienen varios países europeos y está coordinado desde España por Cidetec. La investigación y desarrollo de estas baterías podría abaratar costes, así como potenciar densidad y potencia.

De todas formas, insistimos en la idea de que aparecen novedades cada día en el sector de las baterías. Da la impresión de que hubiera una carrera contra-reloj para alcanzar sistemas eficientes de almacenamiento de energía. Vamos a citar algunas tecnologías más, pero será apasionante seguir la evolución. Con seguridad, habrá interesantes novedades cuando este pequeño volumen vea la luz. Y quizás, entre ellas, las baterías de calcio, las de sodio o las citadas de magnesio, en plena investigación.

— **Batería de aluminio-aire**: Estas baterías tienen una **célula electroquímica** cuyo ánodo está fabricado en aluminio y el cátodo queda expuesto al aire, utilizando una solución acuosa de electrolito. El oxígeno entra en contacto con el metal y causa la reacción.
Pero también tienen problemas, porque el aluminio se corroe, y no sólo cuando se produce la reacción química, sino cuando está en reposo. Para evitar este

problema, ha habido proyectos en los que se ha introducido una membrana de aceite para evitar que el oxígeno llegue al aluminio en reposo. Así, a la batería en reposo se le bombea aceite, evitando la corrosión, y en el momento en el que vuelve a ponerse en funcionamiento, el propio sistema retira ese aceite e introduce un electrolito que activa nuevamente la reacción química.

A pesar del incremento de peso que supone añadir este sistema a la batería, es cinco veces más ligera y dos veces más compacta que la de ión-lito. En cuanto a su capacidad de almacenamiento, es aproximadamente ocho veces superior.

Pero el problema mayor aún no está resuelto y es el de la recarga. Las baterías de aluminio-aire no se pueden conectar a un enchufe porque lo que hacen es consumir el propio metal. A cambio, pueden sustituirse las piezas de metal por unas nuevas, lo que podría ser muy positivo para flotas de vehículos de alquiler, por ejemplo.

Al estar en fase de desarrollo, el camino que queda por recorrer es mucho.

— **Batería zinc-aire**: Un sistema similar utilizan las baterías de zinc-aire. Llevan años desarrollándose, eso sí. Hace pocos meses nos llegaron informaciones sobre el multimillonario de California Patrick Soon-Shiong, dueño de la compañía NantEnergy. Las noticias apuntan a que lleva varios años desarrollando la tecnología de zinc y haciendo pruebas para utilizarla en almacenamiento de energía.

De hecho, las pruebas que ya ha realizado han ayudado a 110 pueblos, de nueve países de Asia y África, consiguiendo que puedan tener electricidad. Y, por detrás de las baterías, fuentes de energía renovables —procedentes del sol y del viento—, lo que da mucha mayor importancia al sistema.

En lo que respecta a nuestra movilidad, Shiong ha dicho que se podrá emplear la tecnología en vehículos eléctricos, autobuses, trenes, etcétera.

NantEnergy, su empresa energética, asegura ser la primera en comercializar el uso de las baterías de zinc-aire. Además, afirman que esta tecnología cuesta menos de 100 dólares kW/h.

Sus baterías tienen un alto potencial energético, fiabilidad y son capaces de almacenar el triple de energía que las de ión-litio en el mismo volumen y con la mitad del coste. Según algunos expertos, el zinc se posiciona como el combustible eléctrico del futuro.

— **Baterías de grafeno**: El grafeno suele describirse como el material del futuro. Es carbono puro, con átomos dispuestos en un plano de forma hexagonal. Es abundante e infinitamente más resistente que el acero estructural, ligero, flexible, un gran conductor térmico y eléctrico y genera electricidad al ser alcanzado por la luz.

Los dos científicos de la Universidad de Manchester que descubrieron el grafeno, Andre Geim y Konstantin Novoselov, obtuvieron el Premio Nobel de Física de 2010 por iniciar uno de los campos de investigación más llamativos de la actualidad. Desde entonces, se han realizado multitud de investigaciones para su aplicación en baterías y supercondensadores.

Se estima que las baterías de grafeno pueden dar mucha más autonomía a los vehículos eléctricos. Otras ventajas que podrían añadir tienen que ver con su menor volumen, comparadas con las de ión-litio, y con su carga, que se puede producir en muy poco tiempo.

Y por si todo esto fuera poco, en España hay una empresa, llamada Grabat, que ha desarrollado una batería de polímero de grafeno de alta capacidad energética. Ellos mismos apuntan que una batería de grafeno en un coche eléctrico permitiría una autonomía de 800 kilómetros, ocupando entre un 20 y un 30% menos que una de litio. Además, se podría llegar a cargar en tan solo 5 minutos (19).

Una de las personas que confían en el grafeno, combinado incluso con calcio, es el propio Elon Musk de Tesla. Por sus declaraciones, los pasos para producir baterías más eficientes que las de ión-litio están muy avanzados en Tesla.

— **Baterías de litio-sulfuro (LI-S):** Para hablar de esta tecnología, nada mejor que hacer una referencia al proyecto de la Unión Europea denominado "LISA" ('Lithium Sulphur for Safe Road Electrification'). Iniciado el 1 de enero del presente 2019, LISA va a desarrollar celdas de batería de litio-azufre de alta densidad energética, con electrolitos híbridos no inflamables de estado sólido, con menor tiempo de carga, peso, coste y mayor seguridad. Es la continuación del Alise de 2013.

El proyecto, está coordinado por Leitat, España. Tiene una duración de 43 meses, está financiado por el programa de investigación e innovación Horizon 2020 de la Unión Europea, con un importe de 7,9 millones de euros, y se apoya en 13 instituciones en Europa.

Su mayor ventaja, además de que los componentes son más abundantes y económicos, radica en que las celdas de Li-S de hoy son dos veces más ligeras que las de ión-litio convencionales, y que sólo se ha alcanzado el 10% de la energía específica teórica del azufre, es decir, 260 Wh/kg, lo que abre posibilidades increíbles. Sin embargo, el problema de esta tecnología, hasta ahora, es la problemática carga, que hace perder capacidad a la batería en poco tiempo.

Consejos para el cuidado de la batería

Puesto que la batería de un vehículo eléctrico es su componente más caro, y a pesar de la bajada de precios que vivimos, no está de más recordar que en la actualidad una batería está por encima de los 5.000 euros y que cuidar un poco de ella puede alargar o acortar su vida útil.

Los ciclos de carga y descarga influyen en el rendimiento de la batería de un vehículo eléctrico. Es verdad que cuantos más ciclos, menos capacidad, y por tanto autonomía, pero la pérdida puede ser tan pequeña que sea apenas perceptible. En todo caso, daremos algunos consejos para alargar su vida.

1. No llegar al límite de carga, ni por exceso ni por defecto. No es recomendable dejar que el vehículo baje del 20% de la carga, ni que exceda el 90%. Eso sí, es peor dejar que se descargue que cargar hasta el límite. Las baterías que se quedan sin carga, o que están sin ella durante un tiempo prolongado, pueden sufrir pérdidas importantes de autonomía.

   Otro problema que afecta a su capacidad es dejar la batería conectada, sin tiempo, a la red, porque leves pérdidas de carga pueden activar nuevas recargas innecesarias y altas temperaturas en batería y cargador, que son superfluas. Los cargadores inteligentes, eso sí, evitan hoy el problema, ya que no permiten que se active la carga hasta que no se desenchufa y se vuelve a enchufar a la red el cargador. En todo caso, recordamos que es aconsejable no llegar al límite de carga, así como hacer uso de los programadores actuales.

   Recordemos que la batería de ión-litio no tiene efecto memoria, por lo que efectuar la recarga cuando queda un 40% de su carga no es mala idea. Es mucho peor dejar que descienda hasta niveles perjudiciales. Es más, si las baterías actuales, de media y según los fabricantes, llegan a admitir hasta 3.000 ciclos de carga completos, si vaciáramos y rellenáramos una vez al día la nuestra, duraría más de ocho años. Absurdo, por tanto, dejar que se descargue.

2. Procurar fijar un hábito para realizar la carga, porque eso evitará tener que utilizar cargas y descargas rápidas. También es aconsejable la programación de la recarga.

Muchos fabricantes aconsejan realizar la carga por la noche, puesto que es más lenta, por tanto mejor para la batería, porque es más barata la energía con tarifas valle y porque es bueno para la batería alcanzar el nivel de carga una hora antes de la puesta en funcionamiento del vehículo, con el fin de que reduzca la temperatura que alcanza durante la carga.

3. Utilizar la recarga rápida sólo cuando es necesario. Veremos enseguida que las recargas rápidas se imponen para infraestructuras públicas. Es lo lógico. No tiene sentido llegar a un punto de carga, durante un viaje y tener el coche conectado a la red durante horas, pero para la batería es mejor la carga lenta, porque la rápida va restando un pequeño porcentaje de capacidad, muy pequeño, eso sí.

   Este punto no deja de ser contradictorio, puesto que hay controversia entre los que defienden la recarga rápida y los que dicen que su uso continuado es perjudicial. En todo caso, una buena planificación ayudará a evitar recargas rápidas innecesarias. La mayor parte de los fabricantes recomiendan la recarga lenta como rutina.

4. Conducir de forma suave. Acelerar con suavidad ayuda a evitar un desgaste innecesario de la batería. Y si el coche incorpora modos de conducción, el más ecológico también ayuda.

5. Utilizar la frenada regenerativa cuando sea posible para apoyar la autonomía de la batería.

6. Procurar evitar temperaturas excesivamente cálidas o dejar a la intemperie el vehículo bajo condiciones extremadamente bajas. El calor es un mal compañero de las baterías de ión-lito, así que es preferible dejar recargando el vehículo con temperaturas extremas para que los sistemas de climatización de la baterías actúen.

La recarga

Llegados a este punto, no deberíamos tener problemas para conocer todos los aspectos que hacen diferente a un vehículo eléctrico de uno tradicional, salvo por lo que se refiere a los modos y tipos de carga. Debemos tener en cuenta, que conocer el tipo de cable y conector que tiene nuestro vehículo eléctrico es tan importante como conocer las velocidades de carga adecuadas.

Y no resulta un tema muy sencillo, pero afortunadamente ya existe una normativa de la Comisión Electrotécnica Internacional (IEC) 62196, estándar internacional para el conjunto de conectores eléctricos y los modos de carga para vehículos eléctricos, e (IEC) 61851, estándar internacional para el sistema de carga conductiva del vehículo eléctrico. Esto ha hecho que se unificaran criterios y pudiera estandarizarse la recarga de un VE. De hecho, en 2014, la Comisión Europea dictaminó que todos los nuevos vehículos enchufables y todas las nuevas estaciones de carga deberían contar con un conector Tipo 2 (Mennekes).

La recarga de un VE depende del modo y del tipo de carga, así como del tipo de conector. Estos factores están ligados a cada vehículo y a la infraestructura de recarga. Los diferentes dispositivos difieren en potencia, en la información que intercambia la infraestructura y el vehículo, así como en el propio conector del VE.

Aunque los VE ahora cuentan con conectores Tipo 2, las diferentes velocidades de carga que ofrecen tanto los cargadores públicos como los domésticos hacen que un vehículo pueda ser compatible con uno o más conectores. No es igual el conector para una recarga rápida en una infraestructura pública, que para una lenta en casa.

Modos operativos de carga

- **Modo 1 con corriente alterna:** Es el modo que utiliza la carga lenta, en enchufe doméstico y sin comunicación entre vehículo y punto de carga.

  En este caso, y en la red monofásica, la intensidad y voltaje eléctricos son los de una vivienda, 16 amperios y hasta 250 voltios. La potencia eléctrica que puede entregar es de aproximadamente 3,7 kW. En la red trifásica, el voltaje es de 480 V y 11 kW de potencia máxima, lo que reduce el tiempo a la mitad.

  Este modo operativo es hoy utilizado especialmente para cuadriciclos, bicicletas y ciclomotores.

- **Modo 2 con corriente alterna**

  También es un modo de carga lenta, con enchufe y base similares al anterior, de tipo estándar, no exclusivo. Pero las diferencias son notables, puesto que el cable lleva un sistema de protección incluido y un interruptor diferencial. La recarga se desactiva cuando la conexión del vehículo a la red no es la que debe. El conector del vehículo es del tipo 2. La intensidad habitual es de 16 amperios, aunque puede ser de hasta 32.

- **Modo 3 con corriente alterna**

  En este modo, la carga es semi-rápida y el punto de carga lleva conectado el cable de forma fija. El punto de carga es el que se encarga de controlar la alimentación y la carga, ya que detecta al vehículo. La intensidad normal de este modo es de 32 amperios y la potencia normal es de entre 8 y 14 kW.

  En trifásica, la intensidad es de 63 amperios y de entre 22 y 43 kW, lo que reduce el tiempo de carga hasta poco más de media hora. Por el tipo de tecnología que emplea permite la recarga inteligente y el desarrollo de redes inteligentes (Smart Grids). Es la que se utiliza en zonas públicas, aparcamientos y centros comerciales.

- **Modo 4 con corriente continua**

  Es el que se utiliza para la carga rápida. La carga se realiza habitualmente en lo que se llama "electrolinera", ya que se transfieren potencias de carga elevadas. El punto de carga es el que incorpora el transformador AC/DC. Como en el anterior, la conexión enchufable se hace sólo del lado del vehículo, mientras que el otro conector está fijo en el lado de la infraestructura.

  El vehículo se enchufa durante menos de media hora para obtener una carga del 80% de la batería. La intensidad y el voltaje eléctricos son de 600 voltios y de hasta 400 amperios y la potencia máxima es de entre 125 y 240 kW.

  Este tipo de carga necesita la adecuación de la red eléctrica, por lo que las infraestructuras son muy caras.

Conectores

Es necesario saber qué conectores llevan los vehículos eléctricos, ya que su compatibilidad será fundamental para poder acercarnos a un punto de carga público. Debemos tener en cuenta, que los conectores y cables que lleva un vehículo eléctrico no son precisamente baratos, pero sí fundamentales. Es preferible saber a qué nos enfrentamos, porque no existe, de momento, un estándar. Esbozaremos los más utilizados en el mercado europeo, para cargas lentas, semi-rápidas o rápidas.

* **Hyundai Kona**

— **Enchufe Schuko**: es el enchufe convencional de siempre, el de nuestras casas y garajes. Es el estándar CEE 7/4 Tipo F, de dos bornes y compatible con las tomas de corriente europeas. Incorpora toma de tierra y soporta hasta 16 amperios. Es para cargas lentas y sobre todo se utiliza para cuadriciclos, ciclomotores y bicicletas.

— **Conector SAE J1772 o de Tipo 1**: Es un estándar norteamericano, y es específico para vehículos eléctricos. Tiene cinco bornes, los dos de corriente, el de tierra, y dos complementarios, de detección de proximidad del vehículo y de control. Soporta dos niveles de recarga en corriente alterna, uno de 16 amperios para carga lenta y otro de hasta 80 amperios para rápida. Es el más utilizado por los fabricantes. Además de ser el estándar en Japón, es común en el mercado americano, así como en la Unión Europea. Lo utilizan marcas como Citröen, Ford, Kia Mitsubishi, Nissan, Opel, Peugeot, Renault o Toyota. Es uno de los conectores más utilizados por los fabricantes de coches eléctricos.

— **Conector Mennekes o de Tipo 2**: Es un conector de origen alemán de siete bornes, cuatro para corriente (trifásica), el de tierra y dos para comunicaciones. Tiene la opción de dos tipos de corriente: monofásica a 16 amperios para recarga lenta y trifásica a 63 amperios para recarga rápida. Es compatible con modelos de marcas como Audi, BMW, Mercedes, Porsche, Renault, Volkswagen, Volvo y Tesla.

— **Conector único combinado o CCS**: Es el que norteamericanos y alemanes proponen como solución estándar. Tiene cinco bornes, para corriente, protección a tierra y comunicación con la red. Admite recarga tanto lenta como rápida. Es compatible con Audi, BMW, Daimles, Porsche y Volkswagen.

— **Conector Scame o de Tipo 3** (EV Plug-in Alliance): Lo apoyan, principalmente los fabricantes franceses. Tiene cinco o siete bornes, para corriente monofásica o trifásica, tierra y comunicación con la red. Admite hasta 32 A, para recarga semi-rápida.

— **Conector CHAdeMO**: Es el estándar de los fabricantes japoneses. Está diseñado para recarga rápida en corriente continua. Tiene diez bornes, toma de tierra y comunicación con la red. Admite hasta 200 A de intensidad de corriente, para recargas ultra-rápidas. Es el más grande. Lo utilizan Citröen, Kia, Mitsubishi, Nissan, Peugeot, Subaru y Toyota.

Tipos de recarga

Simplificando la cuestión, podríamos decir que existe la carga lenta y la rápida, pero ya hemos visto más posibilidades. Pasamos a hacer una pequeña descripción.

— **Recarga super-lenta**. Es la que realizamos cuando no tenemos infraestructura específica de carga, con enchufe doméstico. Nos llevaría más de diez horas recargar las baterías de un VE de entre 22 y 24 kW/h de capacidad.

— **Recarga lenta**. Es la convencional. Se realiza a 16 A y a una potencia de 3,6 kW. Se necesitarían de seis a ocho horas para recargar las baterías citadas anteriormente.

— **Recarga semi-rápida**. Se realiza a una potencia de unos 22 kW. La recarga puede llevar entre hora y hora y cuarto.

— **Recarga rápida.** Se realiza a una potencia muy alta, entre 44 y 50 kW. La recarga de las baterías citadas previamente puede llevar media hora. La recarga se hace, normalmente, hasta el 80% de la capacidad de la batería.

— **Recarga ultra-rápida.** Casi está en fase de desarrollo aún. Se está probando en vehículos eléctricos con acumuladores de tipo supercondensadores. La elevado potencia de carga hace que se carguen las baterías en menos de diez minutos. El problema es que la alta temperatura de la recarga es desaconsejable para baterías de ión-lito, por el deterioro de su vida útil.

Enchufar y cargar

Contar con un punto de carga en casa, o la posibilidad de instalarlo, es una gran ventaja para quien quiere comprar un vehículo eléctrico. La instalación hoy ya no es problema porque existen empresas que lo hacen y que tienen en cuenta la necesidad de no desestabilizar la red, sobre todo en garajes comunitarios. Se recomienda, en todo caso, utilizar por la noche el punto de carga para el vehículo, con el fin de que la carga sea lenta, cueste menos y se haga en horas en las que no haya picos de demanda de energía.

Se puede instalar un punto de recarga, sin problemas, en nuestra casa, incluso en un garaje comunitario. Esto último sólo requiere comunicarlo a la comunidad, sin necesidad de celebrar reuniones o votaciones. Es así desde la última modificación de la Ley de Propiedad Horizontal, Ley 19/2009, que modifica la Ley 49/1960, de 21 de julio.

El precio de la instalación de un punto de carga depende mucho, del tipo elegido, de que sea portátil o wallbox, es decir una base mural de recarga, de la cantidad de cable que se necesite, de las protecciones que añada, etcétera. Las cifras de la instalación, con el wallbox, cuadro, cables, mano de obra e IVA, pueden oscilar entre 1.000 y 2.000 euros, aproximadamente.

Es bueno saber que existen acuerdos entre compañías de energía y algunos fabricantes de automóviles para desarrollar la infraestructura de carga doméstica cuando el cliente compra el coche. Eso, por una parte. Por otra, sabemos que las próximas ayudas para la compra de vehículos eléctricos contarán con una subvención para ayudar a la instalación de postes de carga domésticos.

En cuanto a los puntos de carga públicos son ligeramente diferentes a los cargadores domésticos. Algunos requieren una suscripción o una tarjeta, mientras que otros trabajan sobre la base de pago por uso. Ya existen diferentes aplicaciones en España para informarnos del punto de carga más cercano a nuestra posición.

Información de infraestructuras

Cada vez tenemos más aplicaciones que facilitan la vida del propietario de un vehículo eléctrico, en el caso de que se necesite un punto de carga. Así, se han desarrollado algunas como Electromaps o Chargemap. Incluso, a través de Google Maps, los usuarios podrán consultar en tiempo real los puntos de recarga para coches eléctricos de todo el mundo, su disponibilidad y tipo de conectores, para saber si son compatibles.

Protocolo WLTP

¿Qué es el protocolo WLTP?

El 1 de septiembre de 2018 entró en vigor el nuevo protocolo europeo de homologación de consumo y emisiones WLTP (Worldwide harmonized Light vehicles Test Procedures o Procedimiento Mundial Armonizado para Ensayos de Vehículos Ligeros). Hasta ese momento, se utilizaba el NEDC (New European Driving Circle), desarrollado en la década de los 80.

El WLTP llegó para sustituir al anterior y se desarrolló tras detectarse que ciertos fabricantes estaban falseando los niveles de emisiones de sus vehículos nuevos. Mucho más exigente y realista, el nuevo protocolo hace que cada modelo pase por un recorrido simulado, sobre el banco de rodillos del laboratorio, para calcular las emisiones y el consumo. Las diferencias con el anterior son muchas, pero destacamos el mayor tiempo que requiere cada modelo para hacer los ensayos, las mayores aceleraciones y velocidades que se deben alcanzar, en comparación con el NEDC, unos ensayos más dinámicos, etc...

El impacto que vivieron los fabricantes fue importante por la incorporación de WLTP. Especialmente porque, al ser más realista, muchos modelos, que con el ciclo anterior no pagaban impuesto de matriculación, vinculado a las emisiones de dióxido de carbono (CO_2), saltaron de tramo impositivo. Y ya no sólo era un problema de precio por impuesto, sino de contaminación real.

Para hacernos una idea, sólo hay que ver lo que ocurría con los neumáticos de un vehículo a homologar. Con el protocolo anterior, el NEDC, el ensayo se hacía con los neumáticos con la segunda mayor sección de los que ofrecía el modelo, lo que hacía que los fabricantes eligieran el de menor resistencia a la rodadura, para dar menor consumo y emisiones. El nuevo ciclo obliga a realizar el ensayo con cada neumático que se homologa. Además, el NEDC permitía ajustar los neumáticos a la presión más alta homologada, mientras que el WLTP exige la más baja, lo que también influye, porque a mayor banda de rodadura, más resistencia y, por lo tanto, más consumo y emisiones.

Hay que tener en cuenta que en España, el tramo impositivo de matriculación es: sin coste para emisiones de CO_2 inferiores a 120 g/km; el 4,75% para los de más de 120 g/km; el 9,75% para los de más de 160 g/km y el 14,75% para los que excedan los 200 g/km.

Por ello, y justo antes de que entrara en vigor, el 1 de septiembre de 2018, las diversas asociaciones relacionadas con vehículos advertían del problema que iba a suponer. Según Anfac, la patronal de los fabricantes españoles, un coche homologado con 130 g/km de CO_2, podía pasar a tener una homologación de 160 g/km, lo que iba a incrementar su precio en un 4,75%, por el tramo impositivo.

Las asociaciones calculaban que el 70 % de los vehículos iban a tener que pagar, cuando los que pagaban en ese momento eran sólo el 20%. En consecuencia, las ventas de vehículos anteriores a ese 1 de septiembre crecieron, para evitar el sobrepago. Y, desde entonces, ha habido fabricantes que han decidido retirar algunos modelos de su gama.

El WLTP es importante para los vehículos eléctricos

Dos cosas nos han llevado a hablar del nuevo protocolo. La primera, que también afectó a los vehículos eléctricos y a los híbrido-enchufables. Y lo hizo porque, al ser una prueba de conducción más real, la autonomía de las baterías, así como las emisiones de los PHEV cambiaron.

Por lo que respecta a los PHEV, tenían que demostrar una autonomía de 40 km en modo exclusivamente eléctrico, cero emisiones, para no tener que pagar impuesto. Pero ése fue el menor de los males para los fabricantes.

Tampoco es que la adaptación de los vehículos eléctricos haya tenido más problema que las correcciones de autonomía. Eso, igualmente, no representaba ningún hándicap, gracias al constante desarrollo de las baterías.

Como dato curioso, traemos a estas líneas una prueba realizada en España durante el mes de julio de 2018. El jurado europeo de periodistas AUTOBEST, el portal dedicado a la compraventa de vehículos coches.net, y el Circuit de Barcelona-Catalunya organizaron una prueba de autonomía real para vehículos eléctricos (VE).

Los modelos en esa prueba de autonomía fueron: Tesla Model S, Tesla Model X, BMW i3, Hyundai Ioniq, Kia Soul, Volkswagen e-Golf, Opel Ampera-e, Renault Zoe, Jaguar i-Pace y Nissan Leaf. En realidad, todos los que estaban entonces a la venta en Europa con un mínimo de 200 Km de autonomía homologada.

Merece la pena conocer las conclusiones:

Los modelos de Tesla (Model S y Model X) fueron los eléctricos con más autonomía real, más de 400 km en ambos casos. La prueba se realizó con la versión 100 de ambos modelos, con una batería de 100 kW/h de capacidad.

Varios de los coches probados alcanzaron la autonomía homologada bajo la normativa WLTP, a pesar de que no había entrado en vigor aún. Superaron su propia homologación el BMW i3, el Hyundai Ioniq, el Kia Soul y el Volkswagen e-Golf y la igualó el Opel Ampera-e. El Renault Zoe también se quedó cerca de alcanzarla.

El Jaguar i-Pace y el Nissan Leaf fueron los dos modelos que quedaron por debajo de la autonomía homologada bajo el ciclo WLTP. En el caso del Jaguar, se trataba de una unidad pre-serie, por lo que no eran concluyentes las cifras.

El Hyundai Ioniq y el Volkswagen e-Golf fueron los modelos de menor consumo, entonces, porque ya tenemos nuevos en el mercado. Ambos superaron por muy poco los 12 kW/h.

Los vehículos existentes en pruebas anteriores han mejorado notablemente su rendimiento en el apartado de la autonomía gracias a baterías de mayor capacidad.

Condiciones ambientales, modo de conducción, carga del vehículo y tráfico en la vía, que determina la velocidad media, son factores que intervienen de modo decisivo en el cálculo de la autonomía de los VE.

Cuando decimos que lo relacionado con tecnología de vehículo eléctrico tiene un desarrollo increíble, es absolutamente real. Pocos meses después de aquella prueba, y habiendo entrado en vigor el WLTP, parece que las cosas han vuelto a sus cauces normales y nadie se asombra. También puede ser que las noticias de la Unión Europea sobre los plazos para reducir las emisiones de los vehículos nuevos, así como el porcentaje, hayan restado importancia al WLTP. En todo caso, la aprobación de un régimen transitorio ha ayudado. Nos ocupamos de él en el siguiente apartado.

Medidas correlacionadas entre el WLTP y el NEDC

Antes de la entrada en vigor del WLTP, se aprobó un régimen transitorio, hasta diciembre de 2020, para aplicar unos valores correlacionados, de emisiones y consumo, entre el nuevo ciclo de homologación WLTP y el anterior NECD. El objetivo: reducir de un 20% a un 5% de media el impacto de precio que podrían alcanzar los automóviles con el WLTP, debido al cambio de fiscalidad, por tener mayores emisiones que con la homologación anterior. Con ello también se daba tiempo a los fabricantes para que actualizaran sus modelos.

El propio reglamento europeo contemplaba una herramienta para correlacionar los valores de emisiones del WLTP con los del NEDC. De esta forma, hasta finales de 2020 podrán coexistir y dar una base comparable.

La moratoria no influye a los vehículos eléctricos, puesto que son cero emisiones, pero sí a los híbrido-enchufables. Los datos de autonomía de las baterías son vitales para la etiqueta de un PHEV.

Todo esto no quiere decir que los vehículos no tengan que cumplir con el reglamento europeo en temas de consumo y emisiones, sino que los valores correlacionados hacen que el impacto fiscal sea menor, al cambiar al nuevo ciclo de homologación, y que eso ayude a promover la renovación del parque, consiguiendo una movilidad y una fiscalidad más sostenibles. La medida ha sido adoptada por muchos países de la Unión Europea.

Guía de modelos

Ha llegado el momento de decidir el coche que necesitamos o que es el que queremos, ¡porque sí!

Las ayudas

La primera consideración para quienes estén decididos a comprar un VE es el tema de los incentivos. Deberemos estar al tanto de las subvenciones que vayan a salir, porque ayudan considerablemente. Pero también hay que tener en cuenta que no todos los VE están subvencionados. Además, también debemos saber que hay Comunidades Autónomas que tienen sus propios incentivos, pero no son compatibles con los estatales. Es decir, si se opta por una ayuda, no se puede elegir ambas.

Lo normal es que se incentive la compra de eléctricos e híbrido-enchufables —con una autonomía en eléctrico a partir de una cantidad de kilómetros—, además de otros vehículos con energías alternativas, como los de GLP (gas licuado de petróleo).

Sin embargo, las ayudas aprobadas el viernes 15 de febrero, el llamado Plan MOVES (Programa de Incentivos de Movilidad Eficiente y Sostenible), no los tiene en cuenta más que para camiones y furgonetas. La dotación es de 60 millones de euros, destinados a favorecer la movilidad sostenible mediante el incentivo a la compra de vehículos y de infraestructuras de carga. La parte que nos interesa más a nosotros se refiere a los 5.000 euros de ayuda para la compra de coches eléctricos, cantidad a la que hay que añadir los 1.000 euros que se exigen a los fabricantes o a los puntos de venta, como descuento, para la compra. Las ayudas a los vehículos de gas se reservan para camiones y furgonetas.

También las ayudas contemplan la instalación de puntos de carga, con subvenciones de entre un 30 y un 40%.

Éste no es el lugar para volcar opiniones, pero no podemos sustraernos a la idea de que falta en las instituciones un principio de neutralidad tecnológica. En nuestra opinión, no es bueno depender de una sola tecnología y sí lo es apoyar una transición que permita renovar el maltrecho parque automovilístico con vehículos más eficientes y seguros que los que hay.

En todo caso, se ha de tener en cuenta que las subvenciones son sólo para vehículos que no superan los 32.000 euros, 38.720 con el IVA, como en el plan anterior. Igualmente, debemos dejar claro que para recibir ayudas para la compra de VE será requisito imprescindible la acreditación del achatarramiento de un vehículo de más de 10 años.

De todo ello nos darán debida cuenta los concesionarios.

La elección del vehículo

Si es que nos apetece un vehículo eléctrico, pues la cosa es sencilla, porque sólo necesitamos dirigirnos a uno u otro concesionario.

Si la cuestión es que no sabemos cuál, debemos plantearnos diferentes cuestiones

— ¿Para qué necesitamos el coche? No es lo mismo elegir un vehículo eléctrico para andar por Madrid todos los días, que para utilizarlo durante la semana para movernos y después para llevar a la familia los fines de semana a algún lugar.
— ¿Cuántos kilómetros hacemos cada día? La autonomía es importante, así como saber que debemos dejar un margen para imprevistos, como malas condiciones atmosféricas, atascos persistentes...
— ¿Qué tipo de coche es el que necesitamos: berlina, SUV...?
— ¿Tenemos posibilidad de instalar un punto de carga en nuestra casa o garaje?
— ¿Podemos, si no, tener acceso a un punto de carga en nuestro trabajo?
— ¿Cuánto dinero vamos a invertir en él? El espectro de precios es inmenso: encontraremos coches desde 20.000 euros hasta cientos de miles.

Una vez contestadas estas preguntas, veremos los modelos que tenemos en la actualidad en nuestro mercado por tamaño.

Los vehículos eléctricos de venta en España

Hemos dado forma a los modelos que se venden en nuestro país mediante una tabla. La idea es que sepamos, por la marca y el modelo, el tipo de coche que es. Si es SUV, monovolumen, biplaza o cuadriciclo, estará especificado, para diferenciarlo de una berlina o de un compacto. También añadimos cuando el vehículo tiene tracción total (4WD).

Incorporamos la longitud para saber, precisamente, cómo es el vehículo. Especificaremos datos técnicos, como la potencia del motor, la aceleración y la velocidad máxima. Además, la capacidad de la batería (en kWh), su autonomía, sus cargas lenta y rápida, su consumo y sus emisiones. Finalmente, un precio de partida.

Hemos de hacer notar que las diferentes versiones que siguen llegando hacen muy complicado que los datos que recogemos sean exactos. Con respecto a autonomías y consumos, muchos de los vehículos varían en cuanto aparece una batería mejorada. Lo mismo ocurre con el precio, que ayudas, descuentos, ofertas puntuales y cambios del propio modelo hacen imposible saber lo que, de verdad, vale un coche. Con más motivo porque las propias marcas quieren que el interesado pase por un concesionario. Todo un lío, ¡vaya!

* Mitsubishi i-MiEV. El primer vehículo eléctrico producido en serie en el mundo. Llegó a España en 2010

* Nissan LEAF

MARCA Y MODELO	LONGITUD	POTENCIA Y PAR MÁXIMO	0-100km/h	VELOCIDAD MAX.	BATERÍA
Audi e-tron (SUV 4x4)	4,901 m.	265 kW (360 CV) Par: 561 Nm	5,7 s.	200 km/h	95 kWh
BMW i3 - i3s 2019	4,011 m.	125 kW (170 CV) Par: 250 Nm 135 kW (184 CV) Par: 270 Nm	7,3 s. 6,9 s.	150 km/h 160 km/h	33,2 kWh
BYD E6 400 (Monovolumen)	4,560 m.	90 kW (122 CV) Par 450 Nm	14 s.	140 km/h	82 kWh
Citroën C-ZERO	3,475 m.	49 kW (67 CV) Par: 196 Nm	15 s.	130 km/h	14,5 kWh
Citroën E-MEHARI	3,809 m.	50 kW (67 CV) Par: 166 Nm	-	110 km/h	30 kWh
'Hyunadi IONIQ	4,470 m.	88 kW (120 CV) Par: 295 Nm	9,9 s.	150 km/h	28 kWh
Hyundai Kona (SUV)	4,180 m.	Dos versiones: 100 kW (136 CV) y 150 kW (204 CV). Par: 395 Nm	9,7 s. / 7,6 s.	155 km/h. 167 km/h	39 kWh / 64 kWh
Jaguar i-Pace (SUV 4x4)	4,682 m.	294 kW (400 CV) Par: 348 Nm	4,8 s.	200 km/h	90 kWh
Kia Soul (SUV)	4,240 m.	81,4 kW (110 CV) Par: 285 Nm	11,2 s.	145 km/h	27 kWh
Kia e-Niro (SUV)	4,375 m.	Dos versiones: 100 kW (136 CV) y 150 kW (204 CV). Par: 395 Nm	7,8 s. / 9,8 s.	155 km/h. 167 km/h	39,2 kWh / 64 kWh
Mercedes EQC (SUV 4x4)	4,760 m.	300 (408 CV) Par: 765 Nm	5,1 s.	180 km/h	80 kWh
Mitsubishi iMiEV	3,475 m.	49 kW (67 CV) Par: 196 Nm	15,9 s.	130 km/h	16 kWh
Nissan Leaf y Leaf e+	4,480 m.	110 kW (150 CV) Par: 320 Nm 160kW (215CV) Par: 340 Nm	8,6 s. / 7,3 s.	144 km/h / 157 km/h	40 kWh / 60 kWh
Peugeot iOn	3,474 m.	49 kW (67 CV) Par: 196 Nm	15 s.	130 km/h	16 kWh
Renault ZOE R90 /Q90 / R90	4,084 m.	68 kW (92 CV) / 65 kW (88 CV) / kW 68 (92 CV) . Par: 225 / 220 / 225 Nm	13,2 s.	135 km/h	22 / 40 / 40 kWh

AUTONOMÍA	TIEMPO DE RECARGA (Doméstico. Wallbox)	TIEMPO DE RECARGA RÁPIDA	CONSUMO Y EMISIONES	PRECIO (desde)
400 km (WLTP)	Enchufe doméstico: 4h. / 2 h. (11kW, -80%)	0:30 h. (+ 50 kW CC)	24,6 - 23,7 kWh/100km	82.400€
290-300 km. 280 km (NEDC) 235-255 km. 230-239 km (WLTP)	Enchufe doméstico: 11 h. 2:45 h. (11kW, 0-80%)	0:39 h. (50 kW CC)	13,1 - 13,6 kWh/100 km. 14,3 kWh/100 km	38.225 € / 41.875 €
400 km (NEDC)	8 h. (3,7 kW)	2 h. (43,4 kW)	21 kWh/100km	45.400 €
150 km (NEDC)	Enchufe doméstico: 6 a 11 h.	0:30 h. (50 kW)	13,5 kWh/100 km	21.877 €
200 km	Enchufe doméstico: 16:30 h. 10:30 h. (toma 16 A.)	-	15 kWh/100 km	24.200 €
280 km	Enchufe doméstico: 12 h. 4 a 5 h. (6,6kW)	0:30 h. (50 kW)	11,5 kWh/100 km	34.925 €
279 km / 449 km (WLTP)	6:10 h. / 9:40 h. (7,2 kW)	0:54 h. (50 kW)	13,9 kWh/100 km 14,3 kWh/100 km	38.500 € / 41.500 €
480 km (WLTP)	10 h. (7,2 kW)	0:40 h. (100 kW)	18,7 kWh/100 km	79.500 €
212 km (NEDC)	5 h. (6,6 kW)	1 h. (50 kW)	12,7 kWh/100 km	23.900 €
289 km / 455 km (WLTP)	6:10 h. / 9:40 h. (7,2 kW)	0:54 h. (100 kW)	-	33.670 € / 38.670 €
450 km (NEDC)	-	0:40 h. (100 kW)	22,2 kWh/100 km	-
160 km (NEDC)	8 h. (3,7 kW)	0:30 h. (50 kW)	12,5 kWh/100 km	30.500 €
270 km / 375 km (WLTP)	8 h. (6,6 kW)	1 h. (50 kW) / 0:40 h. (100 kW)	10 kWh/100 km / _	32.000 € /38.100 €
150 km (NEDC)	Enchufe doméstico: 6 h.	0:30 h. (50 kW)	14,8 kWh/100 km	21.852 €
240 / 370 / 403 km	8:30 h. / 12.20 h. (3,7 kW) 3:21 h / 4:30 h (11 kW)	1 h. / 1:40 h. / 0:65 h. (43 kW)	13,3 / 14,6 / 13,3 kWh/100 km	20.760 € (con alquiler de batería)

MARCA Y MODELO	LONGITUD	POTENCIA Y PAR MÁXIMO	0-100 km/h	VELOCIDAD MAX.	BATERÍA
Renault Twizy (Cuadriciclo)	2,338 m	4 kW (5 CV) / 13 kW (17 CV) Par: 33 / 57 Nm	-	45 / 80 km/h	6,5 kWh
Smart EQ Fortwo y EQ Fourfour	2,695 m / 3,495 m	60 kW (82 CV) Par: 160 Nm	11,5 s. / 12,7 s.	130 km/h	17,6 kWh
Tesla Model S 75D, 100D y P100D (4WD)	4,976 m	245 kW (332 CV)/ (524 CV) / 560 kW (760 CV)	4,4 s. / 4,3 s. / 2,7 s.	225 / 250 / 250 km/h	75 / 100 / 100 kWh
Tesla Model X (SUV 4x4) 100D y P100D	5,037 m	311 kW (422 CV) / 500 kW (680 CV) Par: 660 Nm / 967 Nm	5 s. / 3,1 s.	250 km/h	100 kWh
Tesla Model 3 (4WD) Long Range y Performance	4,69 m	258 kW (351 CV) / 340 kW (462 CV)	4,8 s. / 3, 5 s.	233 / 250 km/h	50 kWh / 85 kWh
Volkswagen e-Golf	4,27 m	100 kW (136 CV) Par: 290 Nm	9,6 s.	150 km/h	35,8 kWh
Volkswagen e-Up (microcoche)	3,6 m	60 kW (82 CV) Par: 210 Nm	12,4 s.	130 km/h	18,7 kWh

AUTONOMÍA	TIEMPO DE RECARGA	TIEMPO DE RECARGA RÁPIDA	CONSUMO Y EMISIONES	PRECIO (desde)
100 km	Enchufe doméstico: 3:30 h.	-	-	7.525 € (con alquiler de batería)
154 km / 160 km	6 h. (3,7 kW)	0:40 h.	14,5 / 15,3 kWh/100km	23.585 € / 24.425 €
490 km / 632 km / 613 km	-	0:30 h.	20,43 / 20,43 / 21,7 kWh/100km	90.600 € / 112.600 € / 149.900 €
565 km / 543 km	Carga 3,7 kW	0:30 h.	24,14 kWh/100km	116.780 €/ 158.200 €
544 km / 530 km	Carga 3,7 kW	0:30 h.	16,1 kWh/100km	59.100 € / 70.100 €
300 km	10 h. (3,7 kW)	0:45 h.	12,7 kWh/100km	38.850 €
120 km	9 h. (3,7 kW)	0:30 h.	11,7 kWh/100km	28.380 €

i Las marcas, aprovechando el Salón de Ginebra, están anunciando nuevos vehículos eléctricos. Audi: el e-tron Sportback, el e-tron GT y el Q4 e-tron. Citröen: Ami One. Peugeot: el 208. Polestar: el Polestar 2. Porsche: el Macan eléctrico. SEAT: el e-Born. ŠKODA: el VISION iV. smart: forease+.

* Hyundai Kona eléctrico

* Hyundai IONIQ eléctrico

Los vehículos híbrido-enchufables de venta en España

La información sobre los modelos híbrido-enchufables son similares, pero añaden datos sobre el motor de combustión.

* Mitsubishi Outlander PHEV

Hay que recordar que hay marcas que han decidido dejar de fabricar ciertos modelos PHEV, pero en España se han vendido hasta que llegó la nueva homologación WLTP. Es probable que veamos muy pronto nuevos modelos con baterías y autonomía mejoradas.

> ℹ️ El Grupo Volkswagen suspendió recientemente la producción de vehículos híbrido-enchufables. Suponemos que VW estará actualizando sus modelos PHEV y que en unos meses volverán a estar en el mercado. Por su parte, Audi ha anunciado ya que habrá, antes de que acabe el año, una versión de los Q5, Q7, A3, A6, A7 y A8.

MARCA Y MODELO	LONGITUD	POTENCIA (motor combustión y eléctrico)	0-100km/h	VELOCIDAD MAX.	BATERÍA
BMW Serie 2 Active Tourer (4WD)	4,342 m	224 CV. Motor de gasolina 1.5 de 136 CV y motor eléctrico de 88 CV	6,7 s	202 km/h	6,1 kWh
BMW 330e	4,709 m	252 CV. Motor gasolina de 184 CV y eléctrico de 113 CV	6 s	230 km/h	10,3 kWh
BMW Serie 5	4,906 m	252 CV. Motor gasolina de 184 CV y eléctrico de 113 CV	6,2 s	235 km/h	8 kW
BMW Serie BMW 740e/ Le	5,098 m	326 CV. Motor de gasolina de 258 CV y motor eléctrico de 113 CV	5,3 s	250 km/h	8 kW
BMW i8 (Coupé y Roadster. 4WD)	4,689 m	362 CV. Motor de gasolina de 231 CV y motor eléctrico de 143 CV	14 s / 14,5 s	250 km/h	5,5 kWh / 5,3 kWh
Hyundai Ioniq PHEV	4,470 m	141 CV. Motor de gasolina de 105 CV y motor eléctrico de 60 CV	10,6 s	178 km/h	8,9 kW
Kia Niro PHEV	4,355 m	141 CV. Motor de gasolina de 104 CV y motor eléctrico de 60 CV	10,8 s	172 km/h	8,9 kW
Kia Optima PHEV	4,855 m	205 CV. Motor gasolina de 156 CV y motor eléctrico de 67 CV	9,4 s	192 km/h	9,8 kWh
Mercedes Clase C de PHEV	4,686 m	306 CV. Motor diésel 194 CV y motor eléctrico de 122 CV	5,9 s	235 km/h	13,5 kWh
Mercedes E 300 e	4,923 m	320 CV. Motor de gasolina 221 CV y motor eléctrico de 122 CV	5,7 s	250 km/h	13,5 kWh
Mercedes E 300 de	4,923 m	306 CV. Motor diésel 194 CV y motor eléctrico de 122 CV	5,9 s	250km/h	13,5 kWh
Mercedes GLC PHEV (SUV)	4,656 m	320 CV. Motor de gasolina 221 CV y motor eléctrico de 116 CV	5,9 s	235 km/h	13,5 kWh
Mercedes Clase S PHEV	5,246 m	467 CV. Motor de gasolina de 367 CV y motor eléctrico de 122 CV	5,0 s	250 km/h	13,5 kW
Mini Contryman (4WD)	4,299 m	224 CV. Motor gasolina 1.5 de 136 CV. Motor eléctrico 88 CV	6,8 s	198 km/h	7,6 kW

AUTONOMÍA (en modo eléctrico)	TIEMPO DE RECARGA	TIEMPO DE RECARGA RÁPIDA (80%)	CONSUMO (mixto) Y EMISIONES	PRECIO (desde)
41 km	1:54 h	2:30 h	2 l/100 km - 46 g/km	38.350 €
60 km	3 h	2:12 h	1,7 l/100 km - 39 g/km	45.330 €
48 km	3:50 h	2:50 h	1,9 l/100 km - 47 g/km	62.250 €
45 km	4 h	3 h	2,3 l/100 km - 51 g/km	105.000 €
55 / 53 km	4:30 h	3:06 h	1,9 y 2,1 l/100 km - 42 / 46 g/km	145.200 / 160.200 €
63 km	2:15 h	-	1,1 l/100 km y 26 g/km	28.225 €
58 km	1:30 h	-	1,4 l/100 km y 31 g/km	29.070 €
46 km	3 h	-	1,5l /100 km y 34 g/km	39.000 €
54 km	2 h	1:30 h	1,6 l/100km y 42 g/km	52.200 €
50 km	2h	1:30 h (7,4 kW)	1,6 l/100km y 42 g/km	65.750 €
54 km	2h	1:30 h (7,4 kW)	1,7 - 1,4 l/100 km - 41 g/km	66.400 €
34 km	2h	1:30 h (7,4 kW)	2.5 l/100km - 59-64 g/km	55.850 €
50 km	5 h.	1:30 h	2,6-2,5 l/100 km - 59-57 g/km	96.065 €
41 km	3:15 h y 2:30 h	-	2,5 l/100 km - 56 g/km	36.400 €

MARCA Y MODELO	LONGITUD	POTENCIA (motor combustión y eléctrico)	0-100km/h	VELOCIDAD MAX.	BATERÍA
'Mitsubishi Outlander PHEV (SUV) (4WD)	4,7 m	230 CV. Motor de gasolina de 135 CV y dos eléctricos de 82 y 95 CV	10,5 s	170 km/h	13,8 kWh
Peugeot 508 Hybrid y SW (familiar)	4,75 y 4,828 m	225 CV. Motor gasolina 180 CV y motor eléctrico 110 CV	6,5 s	190 km/h	11,8 kWh
Peugeot 3008 Hybrid (SUV)	4,447 m	225 CV. Motor gasolina 180 CV y u motor eléctrico de 109 CV	6,5 s	190 km/h	13,2 kWh
Peugeot 3008 Hybrid 4 (SUV) (4WD)	4,447 m	299 CV. Motor gasolina 200 CV y dos motores eléctricos de 109 CV	6,5 s	190 km/h	12,2 kWh
Polestar 1	4,5 m	600 CV. Un motor de gasolina y dos motores eléctricos	-	-	34 kWh (entre las tres baterías)
Range Rover P400e y SPORT (TT) (4WD)	4,879 m	404 CV. Motor de gasolina de 297 CV y motor eléctrico de 140 CV	6,7 s	220 km/h	13 kWh
Toyota Prius Plug-in Hybrid (tracción delantera y total)	4,540 m	120 CV. Motor de gasolina de 98 CV y motor eléctrico de 72 CV. El tracción total añade un segundo motor eléctrico de 7 CV	10,6 s	180 km/h	8,8 kWh
Volvo S90 T8 y V90 T8	4,963 m /4,936 m	408 CV. Motor gasolina 320 CV y motor eléctrico de 88 CV	5,2 s	250 km/h	9,2 kWh
Volvo XC60 T8 Twin Engine (4WD) (SUV)	4,688 m	408 CV. Motor gasolina 320 CV y motor eléctrico de 88 CV	5,3 s	230 km/h	10,4 kWh
Volvo XC90 T8 Twin Engine (4WD) (SUV)	4,95 m	408 CV. Motor gasolina de 303 CV y motor eléctrico de 88 CV	5,6 s	230 km/h	10,4 kWh

i Hay modelos que llegan durante este año al mercado. Los datos que faltan no están disponibles aún.

AUTONOMÍA (en modo eléctrico)	TIEMPO DE RECARGA (Doméstico, Wallbox)	TIEMPO DE RECARGA RÁPIDA (80%)	CONSUMO (mixto) Y EMISIONES	PRECIO (desde)
54 km	5 h	0:25 h (el 80%)	2 l/100 km - 46 g/km (WLTP)	34.295 €
40 km	4 h	1:45 h	2,2 l/100 km - 49 g/km	-
40 km	4 h	1:45 h	2,2 l/100 km - 49 g/km	33.300 €
50 km	4 h	1:45 h	2,2 l/100 km - 49 g/km	33.300 €
150 km	-	-	-	-
48 km	2:45 h	-	3,2 l/100 km - 72 g/km	95.000 €
50 km	3 h	2 h	3,7 l/100km - 84 gr/km	29.990 €
40 km	6 h	-	1,9 l/100 km - 44 gr/km	79.100 €
42 km	2.50 h y 6 h	-	2,1 l/100 km - 49 g/km	72.300 €
40 km	2.50 h y 6 h	-	2,1 l/100 km - 49 g/km	80.000 €

* Hyundai IONIQ PHEV

Los vehículos de hidrógeno

Puesto que está en ciernes el desarrollo de las hidrogeneras, que son media docena a día de hoy, sólo tenemos
el Hyundai Nexo y un híbrido de hidrógeno, el Mercedes
GLC F-Cell, un SUV que combina una batería eléctrica
enchufable con un sistema de pila de combustible.

MARCA Y MODELO	LONGITUD	POTENCIA	0-100km/h	VELOCIDAD MAX.	BATERÍA
Hyundai NEXO (SUV)	4,670 m	120 kW (163 CV)	9,2 s	179 km/h	40 kW/h
Mercedes GLC F-CELL (SUV) Híbrido de hidrógeno y batería	4,656 m	Motor eléctrico de 155 kW (211 CV)	-	160 km/h	13,8 kW/h

* Hyundai Nexo de hidrógeno

ⓘ El Mercedes híbrido de hidrógeno aún no ha llegado al mercado español.

AUTONOMÍA	TIEMPO DE CARGA	CONSUMO (mixto)	PRECIO (desde)
666 km	Depósito hidrógeno: 5 minutos	0,95 kilos de hidrógeno/100 km	69.000 €
478 km. 51 km en modo eléctrico	Batería: 1:30 h.	0,34 kg/100 km de hidrógeno. 3,7 kWh/100 km eléctrico	-

Referencias

Las fotografías del presente volumen cuentan con el permiso de Hyundai, Mitsubishi y Nissan para su utilización.

(1)http://www.undp.org/content/undp/es/home/presscenter/events/2015/december/COP21-paris-climate-conference.html

(2)https://unfccc.int/resource/docs/2015/cop21/spa/l09s.pdf

(3)https://unfccc.int/resource/docs/convkp/kpspan.pdf

(4)https://ec.europa.eu/clima/news/articles/news_2016100401_en

(5)https://www.un.org/sustainabledevelopment/es/development-agenda/

(6)https://unfccc.int/resource/docs/2015/cop21/spa/l09s.pdf

(7)https://eur-lex.europa.eu/legal-content/EN/TXT/?uri=CELEX:52016DC0110

(8)https://eur-lex.europa.eu/legal-content/EN/TXT/?uri=CELEX:52016DC0501

(9)https://ec.europa.eu/transport/modes/road/news/2017-05-31-europe-on-the-move_en

(10)https://eur-lex.europa.eu/legal-content/EN/TXT/?uri=CELEX:52017DC0479

(11) http://www.un.org/es/sections/issues-depth/climate-change/index.html

(12) http://www.foronissan.es/

(13)https://s03.s3c.es/imag/doc/2018-11-15/Anteproyecto-Ley-Cambio-Climatico-Transicion-Energetica.pdf

(14)http://hydrogencouncil.com/wp-content/uploads/2017/11/Hydrogen-scaling-up-Hydrogen-Council.pdf

(15) Bibliografía sobre motores eléctricos:

— Fraile, J. (2003). Maquinas eléctricas. Quinta edición. Madrid – España. McGraw-Hill Education: El objetivo de este libro es explicar el funcionamiento las máquinas eléctricas.

— Hughes, A. (2005). Electric Motors and Drives. Fundamentals, Types and Applications. Tercera edición. Oxford – Inglaterra. Elsevier Ltd. Está dirigido a usuarios no especializados. Un buen libro para una comprensión real de los motores eléctricos.

— Westbrook, M. (2001). The Electric Car. Development and Future of Battery, Hybrid and Fuel-cell cars. Londres. The Institution of Electrical Engineers.

El volumen se introduce en el desarrollo de los vehículos eléctricos, desde sus comienzos, centrándose tanto en eléctricos, como en híbridos y de hidrógeno. Habla de carga, infraestructura, seguridad y costes.

(16) http://divulgah2.es/aprende-sobre/seguridad/

(17) https://www.euroncap.com/es/

(18) https://www.bloomberg.com/news/articles/2017-12-05/latest-bull-case-for-electric-cars-the-cheapest-batteries-ever

(19) https://www.grabat.es/

(20) https://twitter.com/TaxiNissanLeaf

https://www.facebook.com/brubaker.nissan

(21) https://cordis.europa.eu/project/rcn/218681/factsheet/en

Patrocinio

EDITATUM

Esta es la página destinada a ofrecer al lector y a los medios de comunicación, todos los datos e información sobre el patrocinador de este libro.

Puede contener su logo, una breve reseña de su actividad o producto e incluye los contactos web, de correo y telefónico.

Además, el patrocinador figurará en el espacio correspondiente en la contraportada del libro. Este patrocinio figurará en todas las sucesivas ediciones de la obra si éstas se produjeran.

Si desea recibir información sobre el patrocinio de los GuíaBurros puede dirigirse a la web:

www.editatum.com/patrocinio

Autores para la formación

C**O**nferencias
EDITATUM

Editatum y **GuíaBurros** te acercan a tus autores favoritos para ofrecerte el servicio de formación GuíaBurros.

Charlas, conferencias y cursos muy prácticos para eventos y formaciones de tu organización.

Autores de referencia, con buena capacidad de comunicación, sentido del humor y destreza para sorprender al auditorio con prácticos análisis, consejos y enfoques que saben imprimir en cada una de sus ponencias.

Conferencias, charlas y cursos que representan un entretenido proceso de aprendizaje vinculado a las más variadas temáticas y disciplinas, destinadas a satisfacer cualquier inquietud por aprender.

Consulta nuestra amplia propuesta en **www.editatumconferencias.com** y organiza eventos de interés para tus asistentes con los mejores profesionales de cada materia.

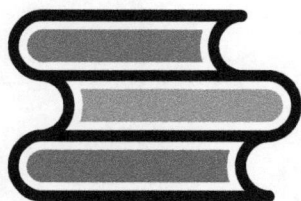

EDITATUM

Libros para crecer

www.editatum.com

Nuestras colecciones

Guías para todos aquellos que deseen ampliar sus conocimientos sobre asuntos específicos, grandes personajes, épocas, culturas, religiones, etc., ofreciendo al lector una amplia y rica visión de cada una de las temáticas, accesibles a todos los lectores.

Guías para gestionar con éxito un negocio, vender un producto, servicio o causa o emprender. Pautas para dirigir un equipo de trabajo, crear una campaña de marketing o ejercer un estilo adecuado de liderazgo, etc.

Guías para optimizar la tecnología, aprender a escribir un blog de calidad, sacarle el máximo partido a tu móvil. Orientaciones para un buen posicionamiento SEO, para cautivar desde Facebook, Twitter, Instagram, etc.

Guías para crecer. Cómo crear un blog de calidad, conseguir un ascenso o desarrollar tus habilidades de comunicación. Herramientas para mantenerte motivado, enseñarte a decir NO o descubrirte las claves del éxito, etc.

Guías prácticas dirigidas a la salud y el bienestar. Cómo gestionar mejor tu tiempo, aprenderás a desconectar o adelgazar comiendo en la oficina. Estrategias para mantenerte joven, ofrecer tu mejor imagen y preservar tu salud física y mental, etc.

Guías prácticas para la vida doméstica. Consejos para evitar el cyberbulling, crear un huerto urbano o gestionar tus emociones. Orientaciones para decorar reciclando, cocinar para eventos o mantener entretenido a tu hijo, etc.

Guías prácticas dirigidas a todas aquellas actividades que no son trabajo ni tareas domésticas esenciales. Juegos, viajes, en definitiva, hobbies que nos hacen disfrutar de nuestro tiempo libre.

Guías para aprender o perfeccionar nuestra técnica en deportes o actividades físicas escritas por los mejores profesionales de la forma más instructiva y sencilla posible,

guía burros

Economía de acceso

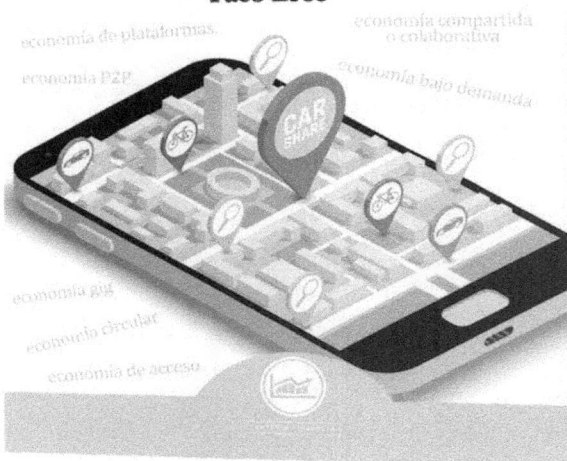

GuíaBurros Economía de acceso

Todo lo necesario para conocer las nuevas economías

+INFO

http://www.economiadeacceso.guiaburros.es

guía burros

Rutas por lugares míticos y sagrados de España

Ocio y Tiempo Libre

Rutas por lugares míticos y sagrados de España

Esther de Aragón, Sebastián Vázquez

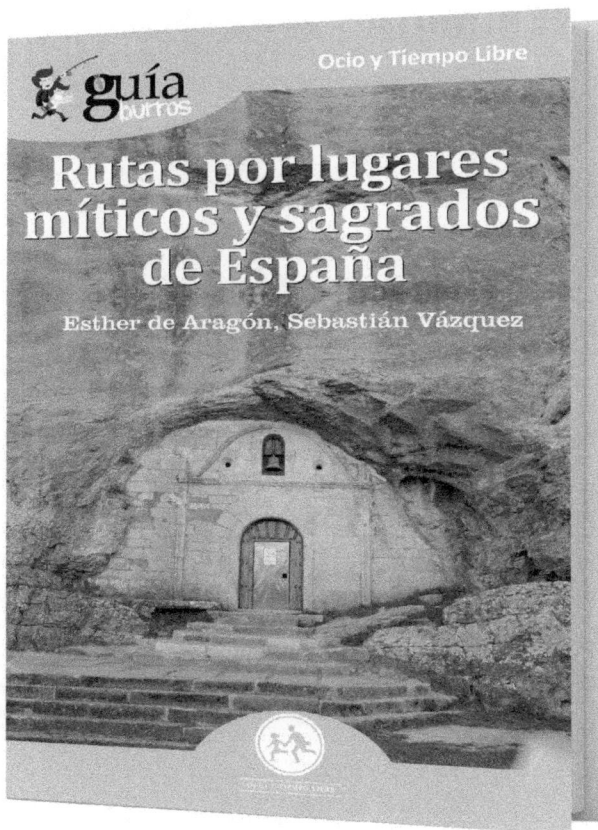

GuíaBurros Rutas por lugares míticos y sagrados de España

Descubre los enclaves míticos que no aparecen en las guías de viajes.

+INFO

http://www.rutas.guiaburros.es

Nuestra colección

www.ingramcontent.com/pod-product-compliance
Lightning Source LLC
Chambersburg PA
CBHW031943190326
41519CB00007B/639